U0181624

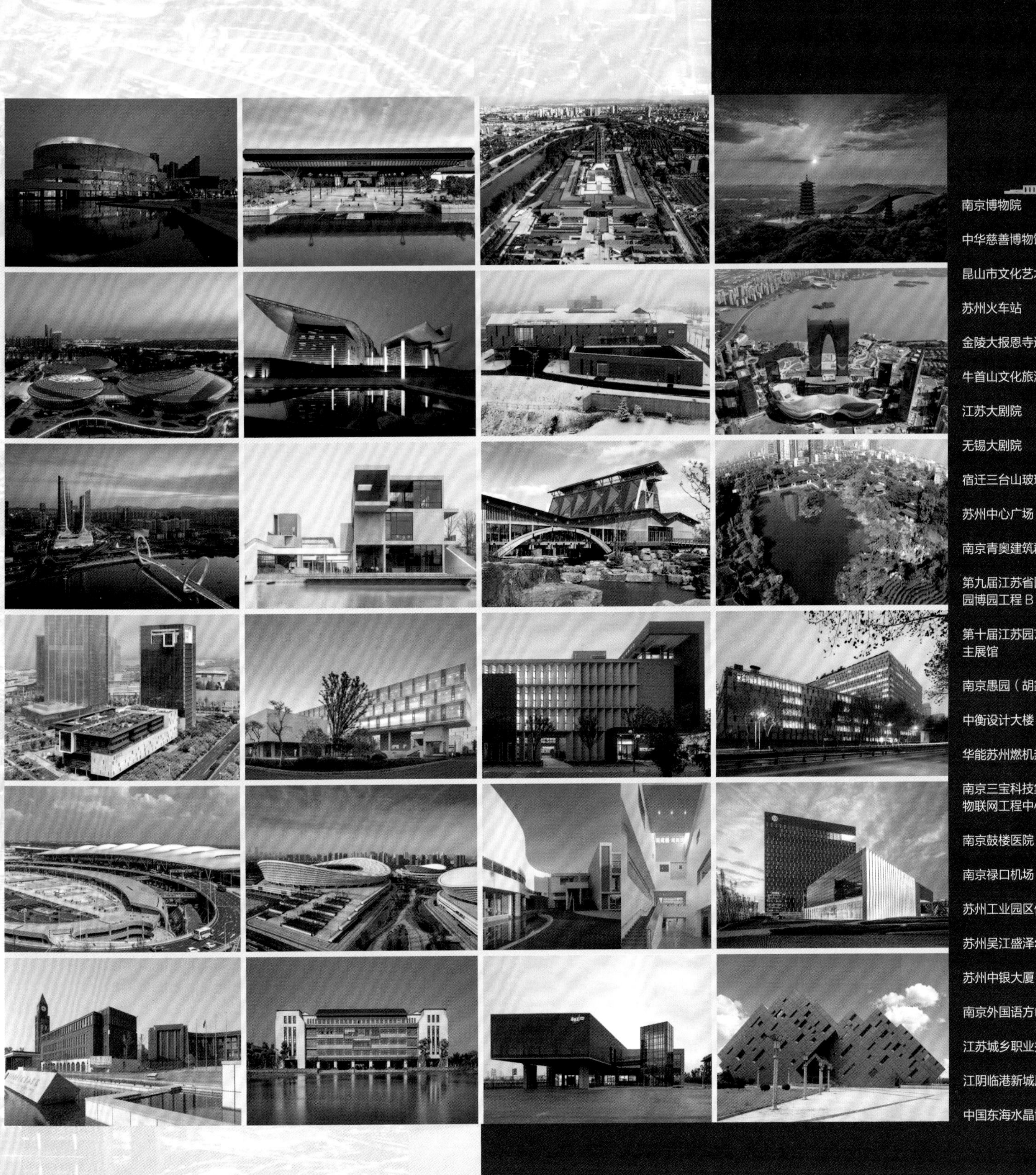

南京博物院
中华慈善博物馆
昆山市文化艺术中心
苏州火车站
金陵大报恩寺遗址公园
牛首山文化旅游区
江苏大剧院
无锡大剧院
宿迁三台山玻璃艺术馆
苏州中心广场
南京青奥建筑群
第九届江苏省园艺博览会园博园工程 B 馆
第十届江苏园艺博览会主展馆
南京愚园（胡家花园）
中衡设计大楼
华能苏州燃机热电厂
南京三宝科技集团物联网工程中心
南京鼓楼医院
南京禄口机场
苏州工业园区体育中心
苏州吴江盛泽幼儿园
苏州中银大厦
南京外国语方山分校
江苏城乡职业技术学院
江阴临港新城展示馆
中国东海水晶博物馆

ARCHITECTURE,
THE RECORD OF THE TIMES ADVANCEMENT

建筑，记录时代进步

中华人民共和国成立 70 周年江苏代表性建筑集

1949—2019

Jiangsu Representative Architecture Anthology on the 70th Anniversary of the People's Republic of China

江苏省住房和城乡建设厅　编著

中国建筑工业出版社

图书在版编目(CIP)数据

建筑，记录时代进步：中华人民共和国成立70周年江苏代表性建筑集：1949-2019 / 江苏省住房和城乡建设厅编著. —北京：中国建筑工业出版社，2019.1
ISBN 978-7-112-21203-3

Ⅰ.①建… Ⅱ.①江… Ⅲ.①建筑设计—作品集—江苏—现代 Ⅳ.①TU206

中国版本图书馆CIP数据核字（2019）第284300号

责任编辑：宋 凯 张智芊
责任校对：王 烨

建筑，记录时代进步——中华人民共和国成立70周年江苏代表性建筑集
1949—2019
江苏省住房和城乡建设厅 编著
*
中国建筑工业出版社出版、发行（北京海淀三里河路9号）
各地新华书店、建筑书店经销
逸品书装设计制版
天津图文方嘉印刷有限公司印刷
*
开本：787×1092毫米 1/12 印张：22 插页：1 字数：195千字
2020年10月第一版 2020年10月第一次印刷
定价：**248.00**元
ISBN 978-7-112-21203-3
（35201）

Preface 序言

建筑是人类文明的纪念碑，是历史的记忆、时代的坐标、凝固的文化，表达和反映着时代的进步和文化追求。

2019 年是中华人民共和国 70 华诞，在这波澜壮阔的七十载岁月里，在中国共产党的领导下，中国社会生产力、综合国力、人民生活水平、城市建设和城乡面貌……都发生了翻天覆地的变化，呈现出历史性、时代性的跨越。在这段历史进程中，建筑作为见证巨变、承载巨变的重要载体，其本身的发展也成为一部浓缩的社会经济变迁史，可以一窥城市乃至国家的发展进程。

"一方水土养一方人，一方山水有一方风情"，江苏不仅有秀美的山水，更有丰厚的文化积淀；不仅拥有丰富的建筑文化资源，也是当代优秀建筑实践的一方热土。新中国成立以来，一代代建筑师结合他们对社会、对时代、对城市的思考与探索，在江苏大地上设计创作了一批适应社会需求、体现时代精神、具有地域文化特色的代表性建筑，不仅为城市经济社会建设的飞跃发展和人居环境改善提供了有力的支撑，也成为城市时代变迁中新面貌、新形象、新精神的生动写照，更是江苏 70 载璀璨文化的华彩篇章。

回望 70 周年，时代的巨变需要发声人，历史的变迁需要记录者。《建筑，记录时代进步——中华人民共和国成立 70 周年江苏代表性建筑集》是以建筑的名义向新中国 70 华诞的致敬和献礼。从江苏 70 年的发展长河中，撷取那些或彰显地域特色、或体现时代追求、或表达人文关怀、或展现技术革新等代表性建筑，以图文并茂的形式呈现，让读者在翻阅中直观感受建筑之于时代所记录的发展、变迁与进步，感悟 70 年优秀建筑的精彩绽放。

岁月流转，使命亦然。今天，在经历了全球最快速的城镇化和最大规模的建设之后，中国开始迈入从外延到内涵、从数量到质量到品质的发展新时代。一个国家和民族的复兴需要强大的物质力量，而当下，我们或比任何一个时候更需要强大的精神力量。2015 年，习总书记在中央城市工作会议上指出“让每个城市都有自己独特的建筑个性，让中国建筑长一张‘中国脸’‘培养既有国际视野又有民族自信的设计师、建筑师队伍’‘要坚定文化自信，不能只挂在口头上，而要落实到行动上……要结合历史传承、区域文化、时代要求，打造城市精神，对外树立形象，对内凝聚人心’。”这些要求告诉我们，一个追求高品质和文化内涵的城乡人居环境建设新时代已经到来。培育文化自信和文化自觉，不应缺少与城市同成长、与时代共进步的代表性建筑的“阅读”。在这具有历史意义的时间节点，本书既是一次历史回望、精品品读、经典梳理的总结思索，更是今后一段时间如何以高品质设计引领高质量建设的思想启迪。希望通过这本画册，让更多的热爱和关注建筑文化的人领略到建筑设计及建筑文化的独有风采，推动更多的创作创新创优，引导产生更多“留得下”“记得住”“可传世”的时代建筑佳作！

中国科学院院士 

Foreword 前言

“建筑是一本石头的史书，它忠实地反映了一定社会之政治、经济、思想和文化”。

——中国建筑历史学家、建筑教育家和建筑师 梁思成

江苏，自唐宋起就是中国人心目中理想的人居代表地之一，拥有悠久的城市建设史，至今仍保有大量优秀的历史建筑遗存。近代以来的江苏“领风气之先”，亦留下了丰富的经典建筑，迄今已有 34 处入选中国 20 世纪建筑遗产名录，成为中国近代以来建筑文化不可或缺的组成部分。

背靠着底蕴深厚的锦绣大地，新中国成立以来，江苏建筑英才辈出，不仅涌现出杨廷宝、齐康、钟训正、程泰宁等一批建筑大师，也创造了一批焕发时代风采的代表性建筑。中华人民共和国成立初期，面对百业待举的局面，一批关系国民经济发展的重大建筑项目建设，初步改变了城市面貌和人民的生产生活条件，也向世界展示着一个国家排除万难、走向希望的崛起。

1978 年 12 月召开的十一届三中全会，如春风化雨，拉开了中国对内改革、对外开放的大幕。改革开放不仅为中国经济社会发展注入了前所未有的生机和活力，也开启了中国建筑迈向市场化、现代化、国际化的征程。江苏建筑发展迎来了百花齐放的发展阶段，步入了生机蓬勃的发展轨道。伴随城镇化的快速推进，大规模的城市建设需求为建筑发展提供了更为广阔的实践舞台。这一时期，作为经济、社会、文化和人民生活载体的建筑，在规模和数量突飞猛进的同时，也更加贴近社会需求、贴近百姓生活，更加注重建筑功能的完善、品质的提升、地域特色的彰显，致力于服务城市经济社会发展和百姓生活环境的改善。一批批建筑设计师，运用现代建筑的语言和技术，秉持既有时代精神又蕴含本土风貌的设计理念，创造出一批具有中国风度和中国气派的大国建筑，不仅成了记录时代发展的生动写照，也折射出江苏城市迈向现代化、国际化的发展进步。

城乡巨变，万象更新。2010年，江苏城镇化率突破60%，城镇发展和城乡建设率先进入全面转型的新阶段。2015年，中央城市工作会议明确提出“适用、经济、绿色、美观”的新建筑方针，为新时代中国建筑发展指明了方向、提供了遵循。2017年12月12日，习近平总书记在江苏视察时指出“为全国发展探路，是中央对江苏的一贯要求”。按照总书记要求，紧扣社会主要矛盾变化，江苏省委十三届三次全会提出经济发展、改革开放、城乡建设、文化建设、生态环境、人民生活“六个高质量”的发展要求，明确了江苏高质量发展要走在全国前列的目标定位，把推动高质量发展作为当前和今后一个时期的根本要求。新时代、新征程、新作为，贯彻落实新时代建筑方针，建设高品质建筑，不仅是城乡建设高质量发展的重要内容，也是当代城乡建设者的历史使命和职责担当。面对大有可为的历史机遇期，新时代的江苏建筑发展以设计为源头，以一流的设计引领一流的建设，一批时代建筑精品实现了从建筑设计水平提升到地域特色彰显、适宜新技术应用、建造和组织方式创新，以及建成后的绿色运维等方面的综合集成和体现，既推动了城乡空间品质与风貌提升，又成了讲述和表达新时代“中国故事”“江苏故事”的新名片、新载体。

推动高品质建筑发展，不仅需要行政的推动、制度的创新、专业的支撑，也需要形成行业和社会的共识。为充分展示70年来江苏建筑领域的发展成就，加强建筑文化的社会普及，提高公众对建筑的认知和审美，江苏省住房和城乡建设厅组织编辑了《建筑，记录时代进步——中华人民共和国成立70周年江苏代表性建筑集》，以70年建设发展历程和时代脉络为主线，以新中国建立、改革开放、党的十八大三个重要节点作为篇章脉络。各篇章基于不同时段全省经济社会发展和城乡建设背景，简述时段建筑创作活动的特点、大事件，梳理展示不同时期的代表性建筑项目，展现优秀建筑风采，体现不同时期的建筑方针、时代特色和建设成就，反映建筑对于城市发展、城市功能、城市文化、城市风貌特色的价值和贡献。

全书共遴选代表性建筑项目70项，通过一幅幅图纸、一幕幕场景、一张张影像，悉心追寻建筑设计的发展轨迹，呈现建筑所蕴含的强大生命力，彰显建筑文化的凝聚力，体现建筑引领时代精神发展的创造力。通过在回望中致敬，在继承中转化，在发展中超越，推动产生更多体现中华文化精髓、反映当代审美追求和价值观念、符合时代进步潮流的建筑精品，增强社会对建筑创作、建筑风貌与建筑文化的认知、关注和共识，以期共同推动未来城乡建设的品质提升和高质量发展！

Contents 目录

03

高质量发展新时代

（党的十八大以来）

◎ 南京长江大桥桥头堡
◎ 徐州淮海战役烈士纪念塔
◎ 鉴真纪念建筑群
◎ 南京大学东南楼
◎ 南京五台山体育中心
◎ 南通市劳动人民文化宫
◎ 无锡太湖工人疗养院

ARCHITECTURE RECORD THE PROGRESS OF THE TIMES

01 建 筑 ， 记 录 时 代 进 步

百业待兴新起点

（中华人民共和国成立后至改革开放前）

1949 年 10 月 1 日，中华人民共和国成立。新中国初建，面对百业待兴的局面，人们满怀热情，投入到“收拾旧山河”、建设新中国的滚滚洪流之中，一批新建筑在城市中拔地而起，承载了人们对新生活的向往，对新国家、新家园的深情，有力支撑了城市发展、民生改善和国民经济恢复。1952 年，第一个五年计划时期开始实施，我国建筑设计逐步引入了现代建筑的设计方法、技术、规范和标准。同年 7 月，全国第一次建筑工程会议提出“适用、经济，在可能条件下注意美观”建筑方针。在当时的政治、经济、社会背景下，为指导方兴未艾的建筑业健康发展，这一方针明确了建筑设计的方向，并在相当长的时期内成为建筑设计遵循的基本方针。之后，1956 年 1 月，《人民日报》发表了题为“加快设计进度，提早供给图纸”的社论，提出“成立专业设计机构，是培养和壮大设计力量，提高技术水平和效率的基本措施”，将设计摆在突出位置。各地设计机构开始改组，至 1958 年，全国开展了一股技术革命与技术革新运动，掀起由民用转工业、土建转工艺的建筑设计发展热潮。

1959年，为迎接国庆十周年，无锡太湖工人疗养院、江苏人民出版社印刷厂等一批功能较为复杂、技术要求相对高的建筑物相继落成，成为中华人民共和国后建筑师在江苏大地的“第一笔”。与此同时，一批关系国民经济发展的重大交通建筑、科教文卫建筑和工业建筑工程加快实施，初步改变了城市面貌和人民的生产生活条件。如南京长江大桥于1958年开始动工建设，并于1968年建成通车，是首个国人自行设计、自行建造、自行生产材料建成的大桥。由于南京长江大桥的正桥和引桥长度较长，关系到桥梁整个形象的桥头建筑艺术造型就显得十分重要。为充分展示南京长江大桥自力更生、艰苦奋斗的精神，大桥工程指挥部决定启动全国范围内的桥头建筑设计竞赛。经过多方评选，最终确定的设计方案为南京工学院“红旗方案”与北京建筑科学院群塑方案的综合。其中，三面红旗作为桥头堡的标志，表面的玻璃砖由众多义务劳动的非技术人员共同拼贴完成，使得桥头堡成为带有强烈时代痕迹和政治意义的城市集体记忆，在半个多世纪的风雨中彰显着永久魅力和时代风采。

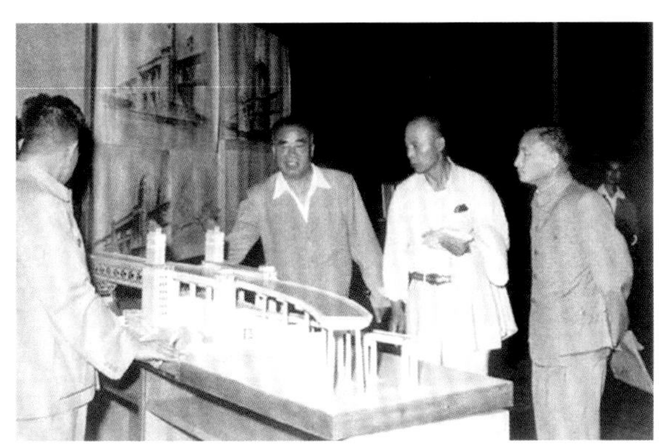

朱德、陈云等党和国家领导人讨论南京长江大桥桥头堡建筑方案

南京长江大桥最终选定的桥头堡设计美术图

桥头堡“三面红旗”吊装施工

南京民航候机楼

无锡火车站

为响应国家人才培养战略的需要，科教文卫建筑亦成为这一阶段各大城市建设的重点。南京等地因良好的高校建设基础成了华东地区院系调整的重点城市之一，如 1953 年由杨廷宝先生主持设计的南京大学东南楼便是这一时期的代表性科教文卫建筑之一。南京大学东南楼是在原金陵大学旧址上的增建，总建筑面积 7000m^2，高三层，外观采用了中国传统歇山屋顶形式，平面为工字形中廊式布局，以普通教室、物理实验室和阶梯教室为主。建筑风格简洁开朗，造价经济，采光通风均较为适宜。其后，杨廷宝先生设计的华东航空教学楼、南京工学院动力楼等系列建筑作品均体现了因地适宜的设计理念，建筑总体和局部、功能和技术手段、造价控制与艺术效果都非常得体，“极为适宜于此时、此地、此人、此事”。

南京大学东南楼 (1953 年)

南京工学院五四楼 (1954 年)

南京工学院动力楼 (1957 年)

华东航空学院主楼（1953 年）

华东水利学院工程馆（1954 年）

南京邮电学院教学楼（1959 年）

无锡工人疗养院（1953 年）

常州市第一人民医院（1955 年）

汤山工人疗养院（1956 年）

南京炼油厂（1958–1965 年）

南京磷肥厂（1958 年）

江苏人民出版社印刷厂（1959 年）

南京长江大桥桥头堡

国家记忆 · 永不褪色的时代地标

设计单位 / 主要设计人
Design Institution / Main Designer

南京工学院 / 钟训正

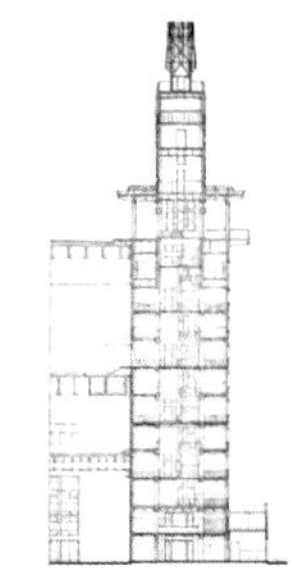

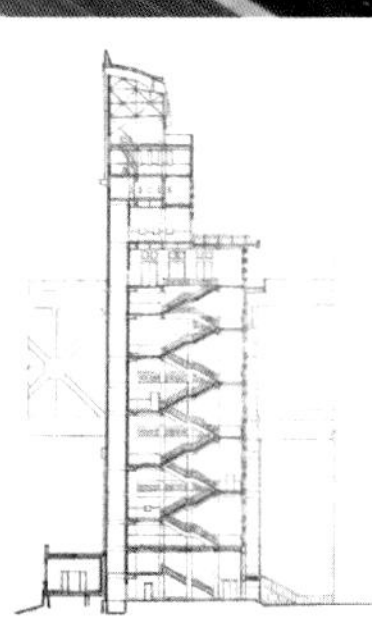

建设地点 Location　南京

设计类型 Design Type　交通建筑

建成时间 Built Time　1968 年

获奖情况 Awards　1978 年 中国建筑学会建筑创作奖（1960-1978）
1985 年 国家科技进步特等奖

1968 年	1986 年	2009 年	2014 年	2016 年	2018 年
南京长江大桥正式建成通车	与“两弹一星”同批获得“国家科技进步特等奖”	荣获新中国成立 60 周年“百项经典暨精品工程”	入选不可移动文物	入选“首批中国 20 世纪建筑遗产”名录	以“争气桥”之称入选中国工业遗产保护名录第一批名单

1968 年，南京长江大桥正式建成通车，是第一座国人自行设计、自行建造、自行生产材料建成的大桥。由于大桥正桥和引桥长度很长，关系到桥梁形象的桥头建筑艺术造型显得十分重要。经多方比选，南京长江大桥桥头堡确定为复式桥台，两岸各有两座大堡和两座小堡，是引桥与正桥间过渡的部分，整体为前高后低的形式。大堡由两座塔楼组成，4 层和 7 层分别为铁路，以 7 层为界可整体分为三段，自下而上有收分之势，轮廓挺拔，表面刷米黄色洗石子，局部有淡青灰色斩假石，顶部为钢板制作的三面红旗，外观简洁大方。小堡位于大堡向引桥方向 68.7 米处，结构、外形、颜色与大堡类似，仅体量略小。小堡凸出公路桥面的部分各有一组主题不同的工农兵群像雕塑。大桥桥头堡以高超的建筑设计水准，不仅体现了社会主义建设的特征及全国人民的精神风貌，更是凝聚了强烈时代精神和城市集体记忆，在大半个世纪的风雨中焕发着永久魅力和时代风采。

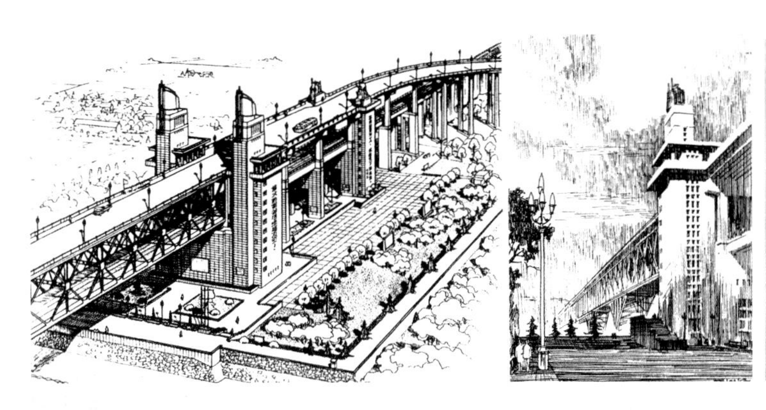

南京長江大桥示意㚔
一九五九·五·

2016年10月28日22点整，南京长江大桥开始全封闭维修，主要建设内容包括公路正桥结构维修及面板改造、引桥维修改造、桥头建筑修缮以及交通安全设施等附属工程维修改造。工程期间不仅对桥面进行全面修整，还在维持原貌的前提下，对大桥标志性建筑南北桥头堡进行翻新修缮，大桥的灯光亮化也同步改造。2018年12月29日，南京长江大桥正式恢复通车。

作为新中国成立后的最高建筑成就，四座高达70米的南京长江大桥桥头堡，必须在28天内建成。这是一个至今都无法想象的纪录。

——《中华百年建筑经典》

徐州淮海战役烈士纪念塔

革命精神的不朽丰碑

设计单位 / 主要设计人
Design Institution / Main Designer

南京工学院 / 杨廷宝、童　寯

建设地点 徐州
Location

设计类型 文化建筑
Design Type

建成时间 1965 年
Built Time

获奖情况 第二届中国建筑学会优秀设计奖
Awards

为纪念淮海战役的伟大胜利，弘扬老一辈革命家的丰功伟绩和英雄们的革命精神，国务院于 1959 年决定在徐州市兴建淮海战役革命烈士纪念塔。1965 年，暨淮海战役胜利 17 周年纪念日，纪念塔正式对外开放。纪念塔高 38.15 米，宽 12 米，三面围以廊子、角亭、塔身钢筋混凝土结构，外贴花岗岩石块，塔座四周饰以汉白玉浮雕，塔身正中镶嵌着毛泽东主席亲笔题写的“淮海战役烈士纪念塔”，塔顶由五角星照耀下的两支相交步枪和松子绸带组成的塔徽，象征着华东、中原两大野战军协同作战取得胜利，塔座南北两侧用浮雕再现了会师淮海、决战中原和人民支前场景。

纪念塔高 38.15 米，塔身正面镶嵌着毛泽东主席的题词：淮海战役烈士纪念塔，毛主席的书法苍劲流畅，瑰丽飘逸。仰望雄伟的纪念塔，你不禁会想起毛主席的诗词：“我失骄杨君失柳，杨柳轻飏直上重霄九……”烈士的英魂仿佛正在丽日晴空中轻舞飞扬，为我们今天的美好生活祝福。

——《源流》2004 年 10 月

鉴真纪念建筑群

唐韵流芳　中日友好象征

设计单位 / 主要设计人
Design Institution / Main Designer

清华大学 / 梁思成
扬州市建筑设计院 / 张致中、孙吉桢
苏州空间规划建筑设计研究院有限公司 / 时　匡

建设地点 Location　扬州

设计类型 Design Type　文化建筑

建成时间 Built Time　鉴真纪念堂（1973）
鉴真学院（2007）

获奖情况 Awards
1984 年 国家优秀工程设计金奖
1984 年 全国优秀工程勘察设计三等奖
2008 年 江苏省第十三届优秀工程设计一等奖

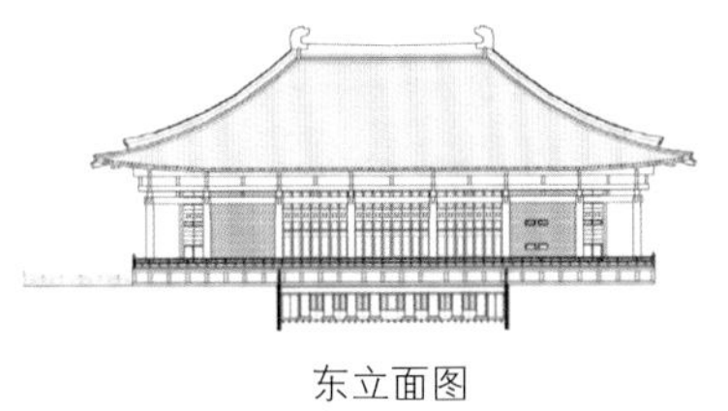

东立面图

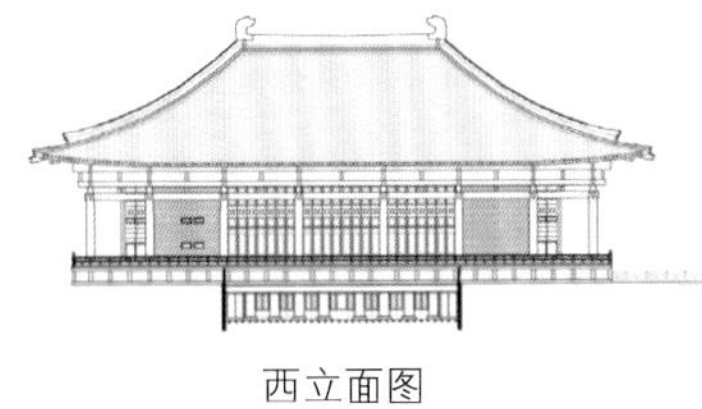

西立面图

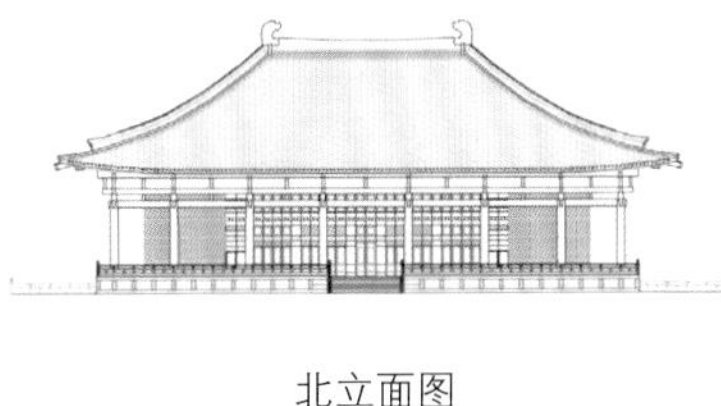

北立面图

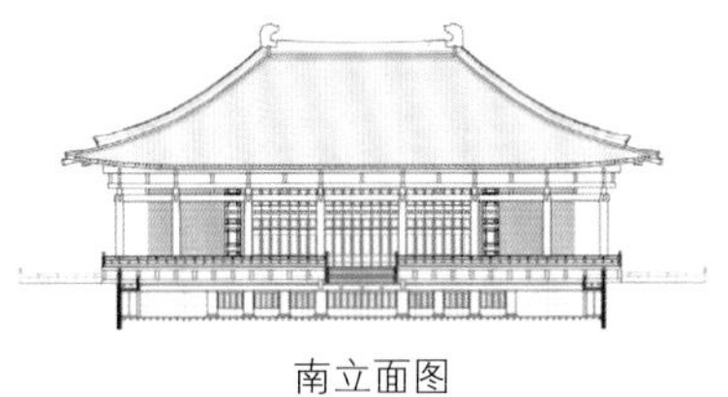

南立面图

鉴真纪念堂位于扬州市古大明寺内，是 1963 年为纪念鉴真逝世 1200 周年而决定建立的，由著名的建筑师梁思成先生完成方案设计，当年建成了纪念碑。其后，南京工学院张致中和扬州建设局进行了技术设计、绘制施工图，并组织施工，1973 年全部落成。该项目是梁思成先生生前主持的最后一项方案设计。

纪念堂建筑群由正殿、碑亭、东西回廊三部分组成。正殿坐北面南，与南侧碑亭组合，布置在纪念堂南北中轴线上，再由东西两侧长廊相抱，形成一个闊敞的庭院。正殿面阔五间，进深三间，梭形立柱，柱头施斗拱，单檐庑殿顶，正脊两端饰以鸱尾；堂内有方井仿唐彩绘天花，正中供鉴真大和尚坐像。碑亭面阔三间，单檐歇山顶；纪念碑采用横式，周围边框突出，中间阴文镌字；莲花座托碑，独具神圣。2003 年鉴真纪念堂北部的鉴真佛学院工程启动，2007 年竣工。鉴真佛学院由时匡担任总设计师，整体采用仿唐建筑风格，与纪念堂一脉相承。佛学院整个设计典雅古朴，再现了唐代建筑艺术的恢宏。

这座建筑，是改善中日两国关系的纪念碑。鉴真，这位大唐的文化使者，千年之后，又成为促进两国友好的和平使者。

——《中华百年建筑经典》

由于地势原因，新建纪念堂平面尺寸比日本唐招提寺金堂小得多，进深不得不由四间减至为三间，因此殿内原有格局必须有所改变，但却又要能保持唐招提寺金堂前廊的主要特征，这是设计的最大难点。梁先生为此做了明确的建议，将中柱后移，虽不合古制，但梁先生认为“这是可以允许的”，反映了梁先生不为古制所束缚的大家风范。

——清华大学建筑设计研究院执行总建筑师 季元振

南京大学东南楼

建筑与环境的和谐对话

设计单位 / 主要设计人
Design Institution / Main Designer

南京工学院 / 杨廷宝、齐　康

建设地点 Location　南京

设计类型 Design Type　教育建筑

建成时间 Built Time　1955 年

1955 年建成的南京大学东南楼是我国高校教学楼较早的代表性案例之一，是在鼓楼区原金陵大学旧址上的增建，位于校园东南角北大楼建筑群中轴线延伸线的东侧。东南楼的设计由杨廷宝先生带领建筑、土木两系师生共同参与完成，总建筑面积约 7000m²，高三层，外观采用了中国传统歇山屋顶形式，平面为工字形中廊式布局。由于地势西北高、东南低，西面主要入口结合地形由室外楼梯通二楼。东南楼北部的北大楼与两侧教学楼形成了中轴对称、围合广场的平面关系，且均采用了中国传统屋顶的外观形式，在满足基本的使用功能和经济性的同时，亦实现了与原有校园图书馆、北大楼等建筑风格的和谐统一。

像北京大学和南京大学在原有的建筑群里形成了大屋顶的风格，以南大的做法在造价上所差甚微的情况下，中国大屋顶是可以考虑在南大继续采用的。今日若插入一些迥然不同的处理方式，使这些建筑群的整体性受到破坏，就是在可能条件下不注意美观了。

——项目主要设计人　杨廷宝

南京五台山体育中心

具有时代意义的体育馆

设计单位 / 主要设计人
Design Institution / Main Designer

南京工学院 / 杨廷宝、齐　康、钟训正
江苏省建筑设计院 / 葛炳根、江一麟、安　琰

建设地点 Location　南京

设计类型 Design Type　体育建筑

建成时间 Built Time　1975 年

获奖情况 Awards　1981 年 国家建筑工程局优秀建筑设计奖

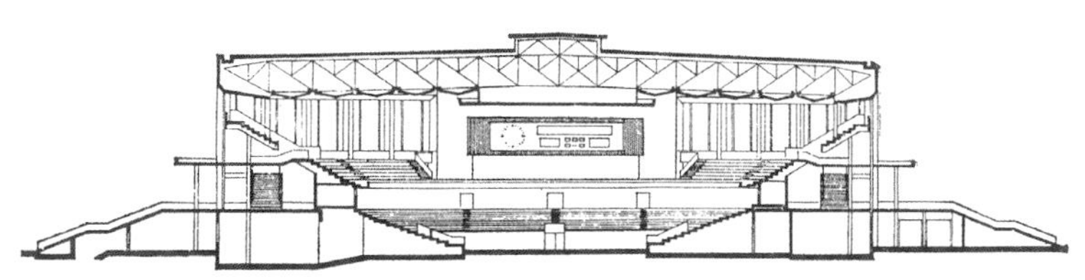

五台山体育馆是 20 世纪 70 年代国内同期建成的最具有代表性和标志性的大型体育建筑之一。体育馆总建筑面积 17930 平方米，观众厅可容纳 1 万名观众。五台山体育馆率先突破矩形平面，最早采用八角形，接近视觉质量分区图形，视觉效果显著。体育馆屋盖采用了当时先进的四角锥形空间钢管网架结构，是用钢量最少的一种结构设计。五台山体育馆建成后，和体育场等建筑一起，形成了我国最早的体育中心。体育馆先后举办了第三届、第十届全国城市运动会以及第二届夏季青年奥林匹克运动会等国内外重要赛事，满足了不同体育赛事对于场地的需求，在相当长的一段时期内都是一个极具代表性的体育建筑。

南通市劳动人民文化宫

几代人心目中永远的地标

设计单位 / 主要设计人
Design Institution / Main Designer

南通市建筑设计研究院 / 夏传经

建设地点 南通
Location

设计类型 文化建筑
Design Type

建成时间 1952 年
Built Time

南通市劳动人民文化宫位于濠河之滨，建筑面积约 10000 平方米，建筑造型端庄沉稳、朴实厚重，曾是南通市最为壮观的地标式建筑。文化宫大楼由当时的政府出资、全体南通市民自愿捐资兴建，故取名为劳动人民文化宫。时任上海市市长的陈毅元帅欣然题写宫名，一直沿用至今。2004 年文化宫被确定为南通市文物保护建筑，2009 年被评为南通市十大地标建筑和全国特色文化广场，荣获“全国示范工人文化宫”称号。

文化宫是南通“工人的学校和乐园”，它见证了时代的变迁，成了南通人最喜闻乐见的一个文化场所。

——南通市民

无锡太湖工人疗养院

虽由人作　宛自天开

设计单位 / 主要设计人
Design Institution / Main Designer

苏南企业公司建筑工程部 / 沈元恺
无锡市建筑设计研究院

建设地点 Location　无锡

设计类型 Design Type　医疗建筑

建成时间 Built Time　1953 年

获奖情况 Awards　1959 年 江苏十大优秀建筑

江苏省无锡太湖工人疗养院坐落于太湖“中犊山”岛上，建筑设计顺应自然，随高就低、蜿蜒曲折而不拘一格，从而使建筑与周围山、水、石、木等自然物统一和谐、融为一体，有“虽由人作、宛自天开”的效果，被认为是无锡境内的“桃花源”。疗养院采用绿色琉璃瓦的大屋顶，与周围的秀美风光融为一体，具有鲜明的无锡地方特色。

◎ 金陵饭店
◎ 南京雨花台革命烈士纪念建筑群
◎ 侵华日军南京大屠杀遇难同胞纪念馆
◎ 淮安周恩来纪念馆
◎ 徐州博物馆
◎ 中国人民解放军海军诞生地纪念馆
◎ 梅园新村周恩来纪念馆
◎ 南京农业大学图书馆
◎ 南京科学会堂
◎ 中国矿业大学文昌校区主楼
◎ 江苏证券大厦
◎ 南京夫子庙传统建筑群
◎ 苏州刺绣研究所展销接待楼

◎ 南京阅江楼
◎ 苏州博物馆新馆
◎ 江宁织造博物馆
◎ 中国海盐博物馆
◎ 无锡鸿山遗址博物馆
◎ 常州博物馆及规划展示馆
◎ 徐州城墙博物馆
◎ 泰州民俗文化展示中心
◎ 紫峰大厦
◎ 新四军江南指挥部纪念馆
◎ 江苏美术馆新馆
◎ 镇江博物馆新楼
◎ 费孝通江村纪念馆

◎ 南京奥林匹克体育中心
◎ 南京国际展览中心
◎ 扬州体育中心、文化中心、国际展览中心
◎ 南京火车客运站
◎ 苏州大学王健法学院
◎ 南京大学仙林国际校区系列建筑群
◎ 常州市体育会展中心
◎ 东台城市规划展示馆
◎ 徐州音乐厅
◎ 南京德基广场
◎ 启迪设计大楼

A R C H I T E C T U R E R E C O R D T H E P R O G R E S

O F T H E T I M E S

02 建筑，记录时代进步

百花齐放新局面

（改革开放至党的十八大前）

改革暖风之下万众蓬勃，开放大潮涌来润泽民生。1978 年 12 月召开的十一届三中全会如春风化雨，拉开了中国对内改革、对外开放政策的大幕。改革开放不仅为中国经济社会发展注入了前所未有的生机和活力，也揭开了中国建筑迈向市场化、现代化、国际化的序幕。1979 年 8 月，全国勘察设计工作会议召开，提出“繁荣建筑创作”的口号。作为先导性、基础性产业的建筑业和建筑创作走上了快速的发展轨道，迎来了焕发蓬勃生机的发展时代。

这一时期，江苏进入了城镇化、工业化、现代化的快速发展阶段，尤其在新世纪初，江苏城镇化水平首次超过了全国平均水平，2005 年全省城镇人口超过农村人口，并以年均 1.9 个百分点的速度快速增长，成为同期中国城镇化水平提升最快的省份之一。前所未有的城镇化步伐带来了大规模的建设需求，为建筑提供了更为广阔的创作舞台。这一时期，作为经济、社会、文化和人民生活载体的建筑，在规模和数量实现突飞猛进发展的同时，也更加贴近社会需求、贴近百姓生活，更加注重建筑功能的完善、品质的提升、地域特色的彰显，致力于服务城市经济社会发展和百姓生活环境的改善。在这方兴未艾的建设浪潮中，一批反映城市新形象、新面貌、新精神的建筑不断涌现，不仅为全省城市经济建设的飞跃发展和人居环境改善提供了有力的支撑，也成了 21 世纪初江苏城市蓬勃发展的生动写照。

南京金陵饭店 (1983 年)

南京火车站 (1980 年)

苏州火车站 (1982 年)

禄口机场航站楼 (1997 年)

鼓楼邮政大厦 (1997 年)

南京电视台演播中心 (1999 年)

◎ **建筑功能类别、形式丰富多彩：**随着全省城市社会经济的高速发展、城市功能的不断提升以及城市形态的快速演变，建筑功能类型和形式更加丰富多元，新的建筑类型不断出现、建筑功能集成化、复合化的发展趋势显现，如：随着现代服务业的兴起和城市消费方式的转变，单一购物功能的百货店演变为集商业办公、餐饮娱乐、公寓住宅于一体的商业综合体，大大丰富了百姓的空间体验；随着交通运输业的快速发展和城市交通体系的变革，以及人、物交通需求层次的日益复杂多元，交通建筑逐步由单一性交通建筑向交通枢纽中心转变，全省一批长途客运、城际铁路的交通枢纽建筑的建成既促进了城市交通基础设施整体水平的提升，又适应了城市快节奏生活方式的转变，有力地支撑了城市经济高效运转的需要；随着城市产业结构的转型升级和信息技术的革新，现代工业由传统的密集型加工制造业逐步转向电子信息、生物化学、机械等技术资讯密集型的先进制造业。在产业更新换代的进程中，工业建筑形式和布局也呈现出快速更新迭代的特点，早期"高耸的烟囱、雄伟的厂房结构、巨大尺度的机器设备"的工业建筑形式也被更多新颖时尚、形式多样的工业建筑所取代，工业建筑与其他建筑类型的界限日益模糊。

此外，全省各地文化艺术类建筑、商业办公建筑、教育建筑、医疗健康建筑、体育建筑、会展建筑等不断涌现，不仅体现了建筑设计按需求变的发展特点，在展示各地城市形象和综合实力、推动城市经营和旅游产业发展、服务百姓生活需求等方面也扮演着举足轻重的作用。

南京商场（1987 年）

南京新街口百货商店（1997 年）

南京新百（2007 年）

南京火车站 (1980 年)

南京火车站 (2002 年)

南京火车站旅客站房 (2005 年)

1986 年建设中的徐州体育场

南京龙江体育馆 (1995 年)

江宁体育中心 (2005 年)

◎ **高层、大型地标建筑发展迅速：**随着城市综合实力和对外开放度的不断提升，以及建筑技术、结构、工艺、材料等方面创新突破，一批高层、超高层、大跨度建筑涌现，向世界展示了城市的经济发展实力和科学技术发展水平，提高了城市的国际知名度。如2005年建成的南京奥林匹克体育中心在屋顶挑蓬结构中，独创性地设计了世界上跨度最大的一对“双”斜拱，成为世界第一个“弓”形结构，首次在民用建筑设计中运用铸钢节点并获得成功。建成后，南京奥林匹克体育中心成功地举办了多项国内外重要体育赛事，有力地提升了城市乃至区域的国际影响力，成了城市对外开放的新载体以及人民群众喜闻乐见的健身休闲场所。2011年落成的紫峰大厦作为城市地标建筑，除了位居当时全球第7的高度之外，还实现了多项技术和工艺突破等。这些极具魅力和时代特征的建筑，不仅体现了一流的设计水准和一流的建设水平，也折射出城市迈向现代化、国际化的发展轨迹。

南京奥体中心（2005年）

紫峰大厦（2010年）

◎ **地域建筑文化的持续追求：**改革开放后，国际建筑理论、流派纷纷涌入，给当代的中国建筑设计带来了全新的理念和强烈的冲击。在建筑理念、技术和文化不断交流与碰撞中，地域建筑及其所代表的身份认同逐步受到行业和社会的关注。一批建筑设计师以更为宽阔的地域视野，以建筑所处环境、地方文化特质为依据，把传统建筑设计的精髓和手法创新地应用于当代建筑设计之中，建成了一批有浓郁地域风格的建筑作品，如苏州博物馆（新馆）、江宁织造博物馆等，实现了地域特色和美学精神的当代融合，建筑所体现的文化内涵和时代精神也更为丰富。

苏州刺绣研究所接待楼（1984 年）

南京梅园周恩来纪念馆（1998 年）

苏州博物馆新馆（2006 年）

江宁织造博物馆（2009 年）

◎ **生态文明意识日渐觉醒：**在城镇化、工业化快速推进的过程中，江苏人多地少、资源能源紧缺的矛盾日益突出，生态环境保护压力日渐加大。2007 年，党的十七大报告适时提出了“建设生态文明，基本形成节约能源资源和保护生态环境的产业结构、增长方式、消费模式”的发展目标，推动我国城镇化逐步由粗放式高物耗发展方式向集约低碳的发展方式转变。在国家生态文明建设目标引领下，节能减排、合理利用资源和节约能源等可持续设计理念在建筑领域开始付诸行动，江苏试点开展了绿色建筑、可再生能源应用等方面的务实行动，利用多种减排技术节约自然资源、降低能耗使用，开启了由传统高能耗的建造模式向生态低碳建造模式的转变道路。如苏州启迪设计大楼在设计与施工过程中，结合多种专利节能技术和措施，对建筑进行本土化绿色设计实践，将既有的旧厂房改造为绿色办公建筑。

启迪设计大楼（2009 年）

南通大学附属医院综合病房楼（2008 年）

南京长发中心办公楼（2007 年）

扬州体育公园体育馆（2005 年）

金陵饭店

改革开放的窗口

设计单位 / 主要设计人
Design Institution / Main Designer

香港巴马丹拿建筑事务所
东南大学建筑设计研究院有限公司 / 徐敦源、沈国尧、程　丽
江苏省建筑设计研究院有限公司 / 徐延峰、宋　华、金如元

建设地点 Location　南京

设计类型 Design Type　旅馆建筑

建成时间 Built Time　1983 年

获奖情况 Awards
2016 年 江苏省第十七届优秀工程设计一等奖
2017 年 全国优秀工程勘察设计行业奖一等奖

1980 年

经国务院批准，金陵饭店破土动工，成为全国首批六家大型旅游涉外饭店之一。

1983 年

金陵饭店一期建成，以 37 层的设计高度刷新了中国第一高楼的纪录。

20 世纪 90 年代

金陵饭店二期建成，风格上沿袭了一期的建筑元素，形异而神似。

2014 年

金陵饭店三期建成，既充分尊重延续金陵饭店的建筑风格，又加入新时代的设计元素。

金陵饭店位于南京商业中心新街口，集五星级酒店、会议中心于一体，是南京城市地标性建筑。

1983 年建成的金陵饭店一期，由海外建筑师设计，是全国首批大型旅游涉外饭店，凭借 37 层、110 米的高度问鼎“中国第一高楼”，并拥有中国第一座大型室内停车场、第一部高速电梯、第一个高楼直升机停机坪，成为改革开放的时代缩影。设计具有中国特色，追求传统文化和现代技术的完美融合，以简洁、庄重、现代的建筑形式表达了时代特征。建成后，金陵饭店成为南京市十大明星工程之一，并作为当代优秀建筑载入了《世界建筑史》。

20 世纪 90 年代建成的金陵饭店二期在紧邻一期建设，沿袭一期的建筑风格，形异而神似。2014 年，金陵饭店三期建成，共 57 层，高 231.95 米，立面外墙采用传统的窗花形式，在充分尊重延续原有建筑风格的同时，又加入新时代的设计元素，实现了新、旧金陵饭店的紧密关联。经过改扩建，新建裙楼与原有裙楼实现了功能共享和空间的最大化利用，形成了一个整体性的建筑群。2014 年，金陵饭店被列入了“南京不可移动文物”，成为最年轻的“文物”之一。

JINLING HOTEL
WORLD TRADE CENTRE

在 20 世纪 80 年代，金陵饭店不仅是南京乃至中国的标志性建筑，更是新中国改革开放的一个缩影。从开业起，金陵饭店曾多次成功接待党和国家领导人以及多国政要。英国《卫报》曾发表评论说："豪华的金陵饭店开门营业……这是一个信号，它表明正在进行根本的变革。"如今，金陵饭店 110 米的物理海拔早已被超越，但 37 层的高度，已固定成为心中的一个地标。金陵饭店，不仅在南京的城市中心占尽地利，更在万千人的心里雄踞正中。

——《新华日报》报道 2019 年 08 期

南京雨花台革命烈士纪念建筑群

铭记历史的纪念碑

设计单位 / 主要设计人
Design Institution / Main Designer

东南大学建筑研究所 / 杨廷宝、齐 康、郑 炘
南京市建筑设计研究院有限责任公司 / 陈家葆、纪惠诛、李 恕

建设地点 南京
Location

设计类型 文化建筑
Design Type

建成时间 1984 年
Built Time

获奖情况
Awards
1991 年 中国城乡建设系统部级优秀设计二等奖
1991 年 国家优秀设计铜奖
1992 年 江苏省优秀工程一等奖

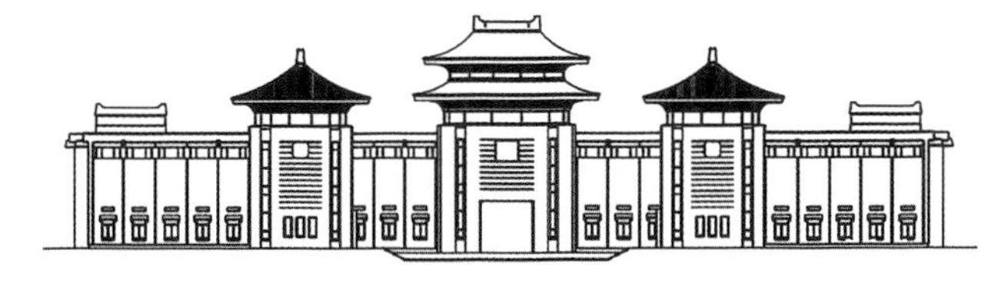

为了纪念、缅怀数万为新中国壮烈牺牲的雨花英烈，1950 年，南京雨花台烈士陵园开始兴建。1952 年，著名建筑大师杨廷宝主持了烈士陵园中轴线的规划设计。1979 年，烈士就义群雕、烈士纪念馆和忠魂亭相继建成。1984 年 4 月，陵园纪念建筑群的主体建筑——雨花台烈士纪念馆正式动工，建成后即成为新中国规模最大的纪念性陵园。

为了突出“纪念”主题，雨花台革命烈士纪念建筑群以白色为主调，寓意烈士们纯洁高尚的品质，营造纪念场所圣洁肃穆的氛围。高耸的纪念碑是中国传统的竖式造型，碑额是抽象的屋顶，如红旗、似火炬。碑身宽 7 米，厚 5 米，碑身正面是邓小平手书的“雨花台烈士纪念碑”八个大字。建筑群设计手法博采众长，根据不同的空间、实体，在不同的轴线段运用不同的设计手法，表达出革命者人生的哲理、气节和理想。经过多年来的不断发展与完善，雨花台革命烈士纪念建筑群已成为对各界群众进行爱国主义教育、共产主义教育和革命传统教育的大课堂，社会主义精神文明建设的重要阵地。这正是：“巍巍雨花台，高高立地松。烈士忠魂在，吾侪牢记崇。”

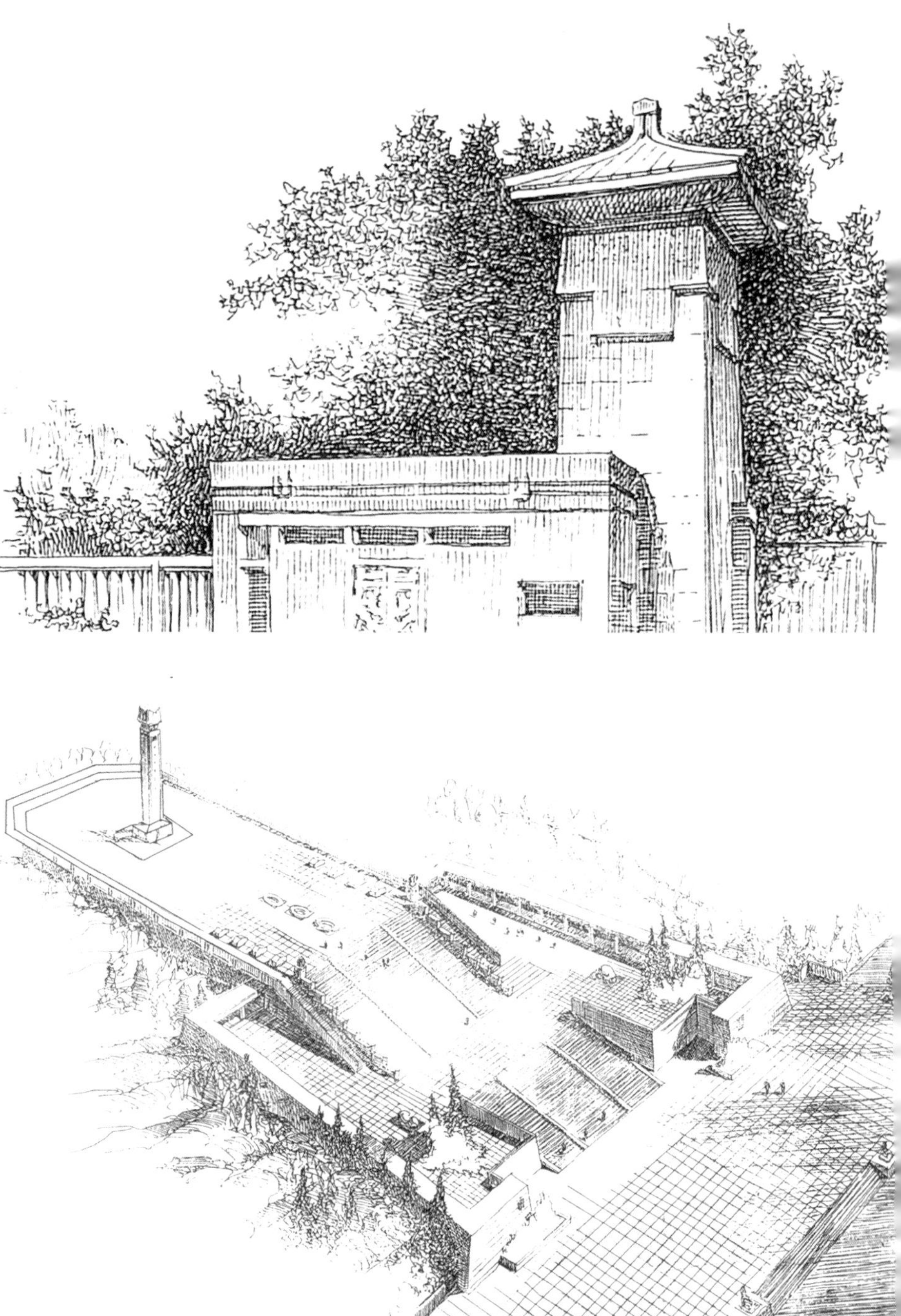

滤尽浮华，才能表现最本质的精神。陵园设计的建筑语言，简洁清晰，堪称是现代民族建筑与红色历史的对话。

——《中华百年建筑经典》

侵华日军南京大屠杀遇难同胞纪念馆

战争—屠杀—抗争—反思—和平

设计单位 / 主要设计人
Design Institution / Main Designer

东南大学建筑研究所 / 齐　康、顾国强、郑嘉宁
华南理工大学建筑设计研究院有限公司 / 何镜堂、倪　阳、刘宇波

建设地点 南京
Location

设计类型 文化建筑
Design Type

建成时间 1985 年
Built Time

获奖情况
Awards

1989 年 中国八十年代建筑艺术优秀作品奖
1988 年 江苏省优秀建筑设计二等奖
2018 年 中国建筑学会建筑设计奖建筑创作金奖
2019 年 中国建筑学会建筑创作大奖（2009–2019）

“生死浩劫”

1983 年底，纪念馆一期工程启动，由齐康院士主笔设计。纪念馆位于侵华日军南京江东门集体大屠杀原址，设计保留了“万人坑”遗址，采用深沉的建筑语言，以灰白色大理石为主要基调，纪念广场铺满卵石，卵石地面寸草不长，象征死难者的累累白骨，与纪念馆周围的绿树形成强烈的生与死的对比。设计充分体现场所精神，综合运用组合建筑物、场地、墙、树、坡道、雕塑等要素，配合展品陈列，塑造“劫难”“悲愤”“压抑”的环境氛围，再现了沉重的历史灾难。纪念馆一期工程于中国人民抗战胜利 40 周年前夕（1985 年 8 月）落成。

鉴于侵华日军南京大屠杀这一重大历史灾难事件的世界影响和国民情感，1983 年，南京在侵华日军南京大屠杀现场之一的江东门建设遇难同胞纪念馆，后又实施二期、三期扩建工程。纪念馆是中国首批国家一级博物馆，首批全国爱国主义教育示范基地，首批国家级抗战纪念设施、遗址名录。2014 年 2 月，全国人大常委会通过决定“将每年的 12 月 13 日设立为南京大屠杀死难者国家公祭日”。2014 年 12 月 13 日，习近平总书记亲自出席了国家公祭活动。2016 年，纪念馆入选首批 20 世纪中国建筑文化遗产目录，成为国际公认的第二次世界大战期间三大惨案纪念馆之一。

“和平之舟”

2005 年，纪念馆二期扩建工程启动。二期工程自东向西表现战争、杀戮、和平三个主题，空间布局寓意 “铸剑为犁”，平面布局映现“和平之舟”。建筑空间从东侧的“封闭、与世隔绝” 逐渐过渡到西侧的“开敞”，从东部的“哀痛悼念情绪”过渡到西侧的“向往和平”。新展馆结合地形条件将新建的纪念馆主体部分埋在地下，地面上的建筑体量呈刀尖状，向东侧逐渐升高，屋顶作为倾斜的纪念广场，既突出了新馆的特殊风格， 又减少了对原有纪念馆的压迫感。新老纪念馆整体协调，表面材质统一，建筑语言和手法一致。

“开放纪念”

随着国家公祭活动的开展和纪念馆参观人数的不断增多，三期工程侧重完善配套设施，整合了世界反法西斯战争中国战区胜利纪念馆、胜利纪念广场以及各项配套设施等综合功能，形成了一个以开放纪念为主题的复合型公共空间。

类似的建筑如柏林大屠杀馆、华盛顿犹太人纪念馆等我去参观过，各有千秋，但是南京大屠杀纪念馆是成功之作，形式与内容统一，悲怆动人，简洁有力，气宇万千。

——国家最高科技奖获得者、两院院士　吴良镛

日军暴行，罄竹难书，贵馆建立，动人泪下，我们对日军暴行耳闻目睹，记忆犹新，传谕子孙，万不及一。建馆对教育鼓励后人，振奋国家，告诫同胞，避免历史悲剧重演，意义重大，且可告慰死难同胞于九泉之下。

——南京大屠杀幸存者　陈金立

这里是世界各国憎恶战争与渴望和平的最佳诠释。

——美国第 39 任总统　吉米·卡特

淮安周恩来纪念馆

不朽精神的象征与传承

设计单位 / 主要设计人
Design Institution / Main Designer

东南大学建筑设计研究院 / 齐　康、张　宏

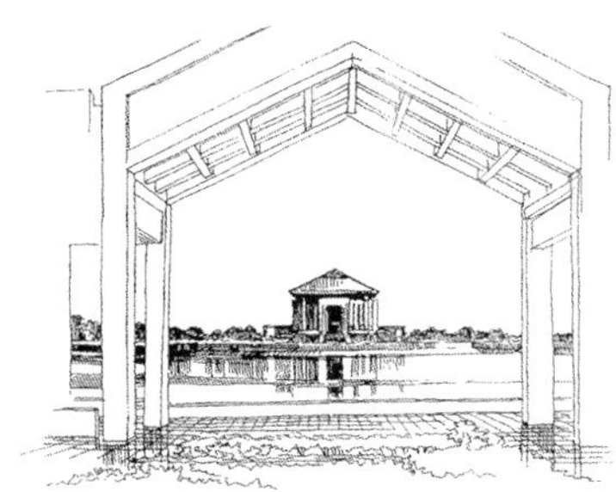

建设地点 Location　淮安

设计类型 Design Type　文化建筑

建成时间 Built Time　1992 年

获奖情况 Awards
1993 年 国家优秀设计铜奖
1993 年 建设部城乡建设优秀设计二等奖
1993 年 江苏省优秀工程设计一等奖

淮安周恩来纪念馆整个馆区占地30万平方米，整体建筑群气势恢宏、造型庄严肃穆、形式朴实典雅，采用南北中轴对称的总体布局形式，由瞻台、湖面、中心轴岛、纪念前广场、主馆、纪念后广场、生平业绩陈列馆、周总理雕像、桥、遗物陈列馆等构成长达600米的纪念艺术轴。

纪念馆主馆底部基台呈方梯形，馆体呈八棱柱体，既喻示了周恩来数次在我党我军生死存亡关头所起的关键作用，又在形式上体现了民族精神以及“永恒”主题的表达。入口8米高的门洞，门框采用淮安地方民居的传统符号，体现了地域建筑特征；建筑整体白色和蔚蓝色的基调创造出纯洁、神圣、清秀、宁静的环境气氛，以此来体现周总理高贵的人格和精神；建筑内部的高耸空间，结合周总理汉白玉座像、黑色磨光地面，展现了周总理光辉灿烂的一生。

用这样的真实去再现，去追寻，一代伟人的丰功伟绩，美好情操和魅力人格。

——《中华百年建筑经典》

我们翻阅了大量周恩来生平传记照片，以及历史资料，加深对主题、意义的理解，从精神上把意义表现到创作中去。而作为建筑创作艺术分析，所运用的语言要素，首先是从总体环境入手。在纪念馆总体规划中，我们把水、岛和城市的交通道路统一设计并思考。我们考虑将纪念馆置在水中的一个半岛上。从水平面上生长出座岛，从岛上又长出座建筑，这自然环境的主题是建筑，建筑又融于自然之中。水、天、大地、建筑交相呼应，那它会显得那么宁静、那么庄丽，它是人民的建筑、自然的建筑、时代的建筑，这就是我们设计的主题。

——项目主要设计人　齐　康

徐州博物馆

建筑文化的地域表达

设计单位 / 主要设计人
Design Institution / Main Designer

清华大学建筑学院 / 关肇邺、季元振、刘玉龙、王增印

建设地点 徐州
Location

设计类型 文化建筑
Design Type

建成时间 1999 年
Built Time

获奖情况 2000 年 教育部优秀勘察设计二等奖
Awards

徐州博物馆建于1960年，位于徐州市南风景秀丽的云龙山北麓。徐州博物馆是目前国内首座把馆建与墓葬、遗址相结合为一体的现代化地方综合博物馆。设计由左右两条平行轴线组织空间，分别形成贯通建筑中心的主轴和经汉石刻展院直达汉墓的副轴，使建筑与广场、土山汉墓都发生了巧妙的关联。在主入口处，运用复制的徐州铜山出土的梯形梁刻石，在玻璃幕墙之前方形成门的意象，梯形梁前后分别复制汉代“力士图”及“神仙出游图”雕饰，形成视觉中心。新馆中央大厅上面覆以覆斗形屋顶，四周环以回廊，形成严整的古典韵味。在建筑细节上，采用简化的古典细部来丰富建筑的内涵，如主入口旱桥石灯柱的造型取意于古代石灯笼的形象，灯柱与建筑底层厚重的蘑菇石墙面形成古朴拙重的基座，与厚重拙实的建筑风格相得益彰，形成了一个适应徐州城市地理历史环境、语意丰富的博物馆建筑。

作为具有一定历史文化内涵的建筑所需要的是一种平和绵长的意味来感动观众。该博物馆在形式上既不是简单纯正的技术表现，也不是用雕梁画栋来迎合相邻的环境，而是采用片段、简化、拼贴等方法含蓄地表现徐州地区文化特征的意味。

——项目设计团队

中国人民解放军海军诞生地纪念馆

艺术的表现　意境的追求

设计单位 / 主要设计人
Design Institution / Main Designer

东南大学建筑研究所 / 齐　康、张　彤

建设地点 Location　泰州

设计类型 Design Type　文化建筑

建成时间 Built Time　1999 年

获奖情况 Awards　2000 年 建设部优秀工程设计二等奖
2000 年 江苏省优秀工程设计一等奖

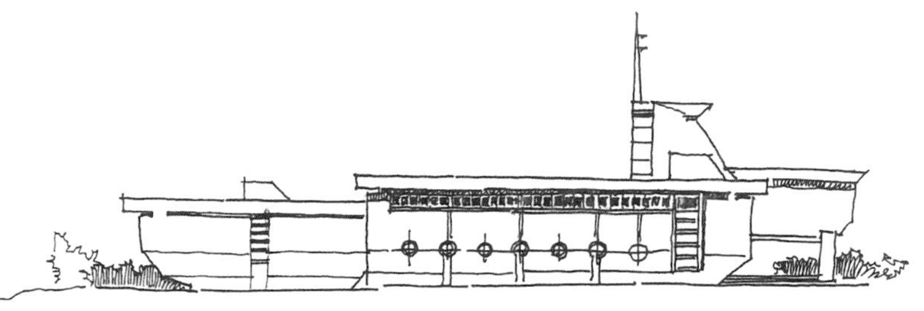

1949 年 4 月，华东军区海军在泰州白马庙成立，标志着中国人民解放军海军的正式诞生。为了纪念这一具有历史意义的事件，1999 年，正值海军诞生 50 周年之际，泰州市政府决定兴建海军诞生地纪念馆。项目包含“人民海军诞生地旧址”和纪念馆两部分，占地约 23000 平方米。纪念馆主体建筑外形犹如一只起锚待航的军舰，舒缓的曲线与自然地形实现了良好的契合；屋顶利用特殊的表皮材质、混凝土薄片分别进行搭接，支撑起屋顶天窗，让馆内光线展现出优美的韵律；室内墙面的白色调，展现了建筑、光影与自然环境的交融；室外广场左侧象征海军舰船的高桅杆，彰显出中国人民解放军海军精神。

形的研究用以为器，达到使用的目的；形的研究用以传情，一种艺术的表现；形的研究用以达意，一种意义的表述，意境的追求。
在这里，光和虚无再一次成为整形和特异之间的主题。是光的空间分离出特异，赋予形式转化以自然的诗意。

——项目主要设计人　齐康、张彤

梅园新村周恩来纪念馆

建筑环境的和谐 · 历史环境的再现

设计单位 / 主要设计人
Design Institution / Main Designer

东南大学建筑研究所 / 齐　康、曹　斌
南京市建筑设计研究院有限责任公司 / 许以立

建设地点 Location　南京

设计类型 Design Type　文化建筑

建成时间 Built Time　1989 年

获奖情况 Awards
1991 年 国家优秀设计金奖
1992 年 江苏省优秀工程设计一等奖
1992 年 建设部优秀工程设计一等奖

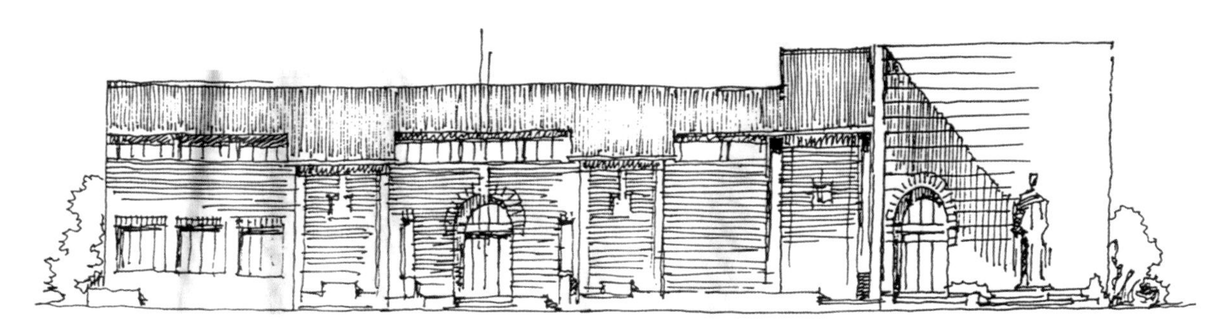

梅园新村位于南京长江路总统府东面，是一组保存完好的灰瓦砖墙里弄式住宅群。为了纪念以周恩来同志为首的中共代表团曾经在梅园新村的工作和生活，纪念老一辈革命家在革命斗争中的业绩，在此建设周恩来纪念铜像和纪念馆。

纪念馆设计为了实现与周围环境的和谐共融，采用坡顶小机瓦铺面，墙面采用青灰面砖；庄重和典雅的内庭院与室内中庭既是历史环境的再现，又与周围环境相协调。同时，在设计手法上体现了新与旧、现今和历史，使街道、里弄、住宅、庭院具有更多更丰富的层次，形成了新的城市肌理特征和空间关系。

这组建筑群的设计主要是通过与周围建筑环境的和谐，使历史环境中的事迹得到建筑艺术上的再现。为此建筑创作的构思是离不开自身的功能，同时寻求和谐，寻求再现，使建筑设计具有文化的特点和时代的关联，这就是我们设计的出发点。

——项目主要设计人　齐康

建筑是以其实体和空间形象及人们参与活动共同表现其艺术性。特别在纪念性建筑和艺术性较强的公共建筑设计中，表现艺术和再现艺术是建筑师从事创作的两种不同艺术倾向和不同思想和手法。在特定的条件下，“表现”与“再现”都能在一定程度上得到结合，得到统一，而在表现之中有再现，在再现之中亦含表现。南京梅园新村纪念馆设计就运用了这样的理念。

——项目主要设计人 齐康

南京农业大学图书馆

建筑的融合与生长

设计单位 / 主要设计人
Design Institution / Main Designer

东南大学建筑研究所 / 张　彤

建设地点 Location　南京

设计类型 Design Type　教育建筑

建成时间 Built Time　2004 年

获奖情况 Awards
2005 年 建设部优秀勘察设计二等奖
2006 年 江苏省建设系统优秀勘察设计奖一等奖
2007 年 江苏省第十二届优秀工程设计奖一等奖

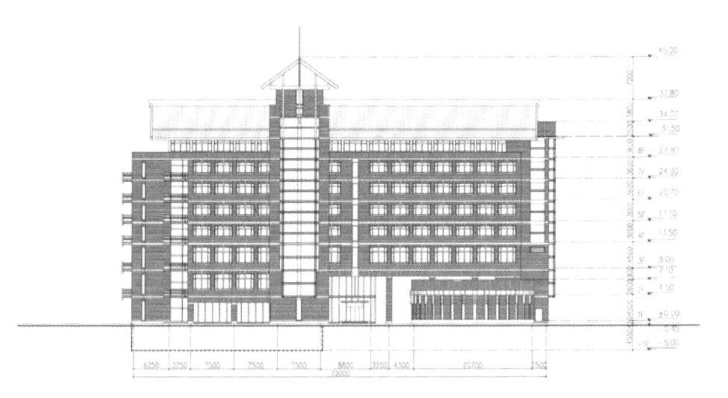

南京农业大学图书馆原有建筑建于20世纪80年代，改扩建始于2002年，是国内较早对既有建筑进行更新改造的实践。项目对原图书馆空间大部分进行了改造，并在原图书馆以南新建一幢8层主楼。新建的图书馆的形式充分尊重校园内已经形成的整体建筑风格，南楼采用两坡悬山屋面，核心筒体量拔出屋面，成为整体形态的控制中心，与场地北面老教学主楼的塔楼遥相呼应。原有北楼顶部加建两坡悬山屋面，周围加建贯通四层的柱廊，在结构上承托新建的屋面，并使北楼的立面更显端庄、典雅。

步入南农校门，映入眼前就是一座现代主义风格的图书馆，庄重典雅的外部造型， 如一本打开的书，完美契合和呼应图书馆的立意，馆内舒适的阅览空间和环境吸引着众多南农学子，已经成为南农最受欢迎的阅读和自习空间。

——南农学子

南京科学会堂

共融　共生　共存

设计单位 / 主要设计人
Design Institution / Main Designer

南京工学院 / 钟训正、孙钟阳、王文卿
南京市建筑设计研究院有限责任公司 / 冯庆生、屠子刚

建设地点 南京
Location

设计类型 文化建筑
Design Type

建成时间 1991 年
Built Time

获奖情况 2008 年 江苏省城乡建设系统优秀勘察设计三等奖
Awards

南京科学会堂坐落在南京主城北部，场地周边既有优美的自然景观又有历史文化建筑；北侧是南京市政府和和平公园，西北侧是依山而建的古鸡鸣寺，东侧紧临珍珠河，古典风范和现代形式并存。会馆最初的设计为高层建筑方案，后经专家反复论证后进行了更改。为实现周边建筑、环境的融合协调，新的会堂设计方案采用了“以庭院组织空间”以及“多层建筑远离干道”的构思，将外部环境隔开，主入口及连廊与正对面的市政府实现了空间序列的延伸。建筑会展、办公以及休闲活动等功能布局和流线组织采用现代建筑手法，环境关系借鉴江南庭院建筑的传统格局，材质和结构选取适宜，整体造型简洁大方，既表达了对传统建筑文化的尊重，又显示出会堂本身特有的功能特征和现代气息。

科学会堂自建成以来，以其丰富的独具个性的造型，融合在周边环境中，每到春季，沿路两旁樱花灿烂的时候，游人如织，科学会堂成为很好的取景题材。

——南京市民

中国矿业大学文昌校区主楼

轴线的延伸

设计单位 / 主要设计人
Design Institution / Main Designer

中国建筑西北设计研究院 / 张锦秋

建设地点 徐州
Location

设计类型 教育建筑
Design Type

建成时间 1995 年
Built Time

中国矿业大学文昌校区主楼建于 1981 年。主楼为“一”字形的 10 层建筑，布局规整，南北朝向，四周由 10 个大合班教室组成配楼，配楼下面为宽阔的柱廊。作为教学建筑，文昌校区主楼设计中注重形体、简洁大方。主体建筑采用方格窗，合理满足教室的采光要求，窗户之间有柱体外露，既丰富了建筑立面，也显示了主楼的巍然挺拔之势。建筑立面的正方形窗框和黄色的外墙面，给人一种严谨、稳重的感觉，将百年矿业院校的深厚人文与学术底蕴表现得淋漓尽致。

中国矿业大学文昌校区主楼修建于 20 世纪 70 年代末期，经历了将近 30 多年的风吹雨打，依旧屹立于中国矿业大学校园内。由于其占地面积大，楼层较高，所处的位置独特，远远望去，其气势磅礴，宏伟壮观，是矿大校园里一片靓丽的风景。

——《中外建筑》 2017 年 09 期

江苏证券大厦

建筑语言的时代追寻

设计单位 / 主要设计人
Design Institution / Main Designer

江苏省建筑设计研究院有限公司 /
李高岚、蔡国峻、周红雷、徐海兵

建设地点 Location　南京

设计类型 Design Type　办公建筑

建成时间 Built Time　1999 年

获奖情况 Awards
2001 年 建设部优秀勘察设计二等奖
2002 年 全国第十届优秀工程设计项目铜质奖
2002 年 江苏省第十届优秀工程设计三等奖

江苏证券大厦位于南京市金融与商贸中心地区，建筑高度 99.9 米，总建筑面积 57388 平方米。项目设计坐南朝北，建筑功能以金融交易与办公为主。建筑平面布局合理，建筑造型与使用功能相统一，建筑与环境相融合，是 20 世纪 90 年代经济效益、社会效益、环境效益兼优的代表性高层建筑作品。

证券是金融市场开放的产物，在西方国家发展较早，因此在把握现代建筑风格的基础上融入了西方古典风格，华贵高雅，庄重大方，充分体现出证券在金融与国民经济中的重要地位。在设计中将大厦体形分为三段处理，逐步退台，扩大城市空间，同时使建筑有一种稳重踏实，不断向上的感觉，喻示证券业繁荣发展的景象。

——项目设计团队

南京夫子庙传统建筑群

一座城市的历史名片

设计单位 / 主要设计人
Design Institution / Main Designer

夫子庙地区建设工程临时设计室 / 叶菊华
东南大学建筑研究所 / 潘谷西、钟训正、丁沃沃
南京园林设计研究所
江苏省吴县古典建筑设计室

建设地点 Location　南京

设计类型 Design Type　文化、商业建筑

建成时间 Built Time　1982 年

获奖情况 Awards　1988 年 江苏省优秀工程设计一等奖

夫子庙建于景佑元年（1034 年），由东晋学宫扩建而成。这一组具有东方建筑特色、规模宏大的古建筑群迭经沧桑，几番兴废。1985 年，为推动秦淮两岸的人文资源和风光带建设，南京启动夫子庙古建筑群修复工作。设计团队按照中国传统建筑形制恢复重建了文庙、学宫和贡院等古建筑群，并对贡院街和贡院西街实施改造。依据明清两代“青砖小瓦马头墙，回廊挂落花格窗”的建筑特点，修复了秦淮河两岸河厅河房，重现了明清时期南京的城市肌理与建筑风貌，成为南京城市历史文化的重要标志。世界旅游组织执行委员会主席巴尔科夫人称赞夫子庙传统建筑群是“中华民族文化的精华”。

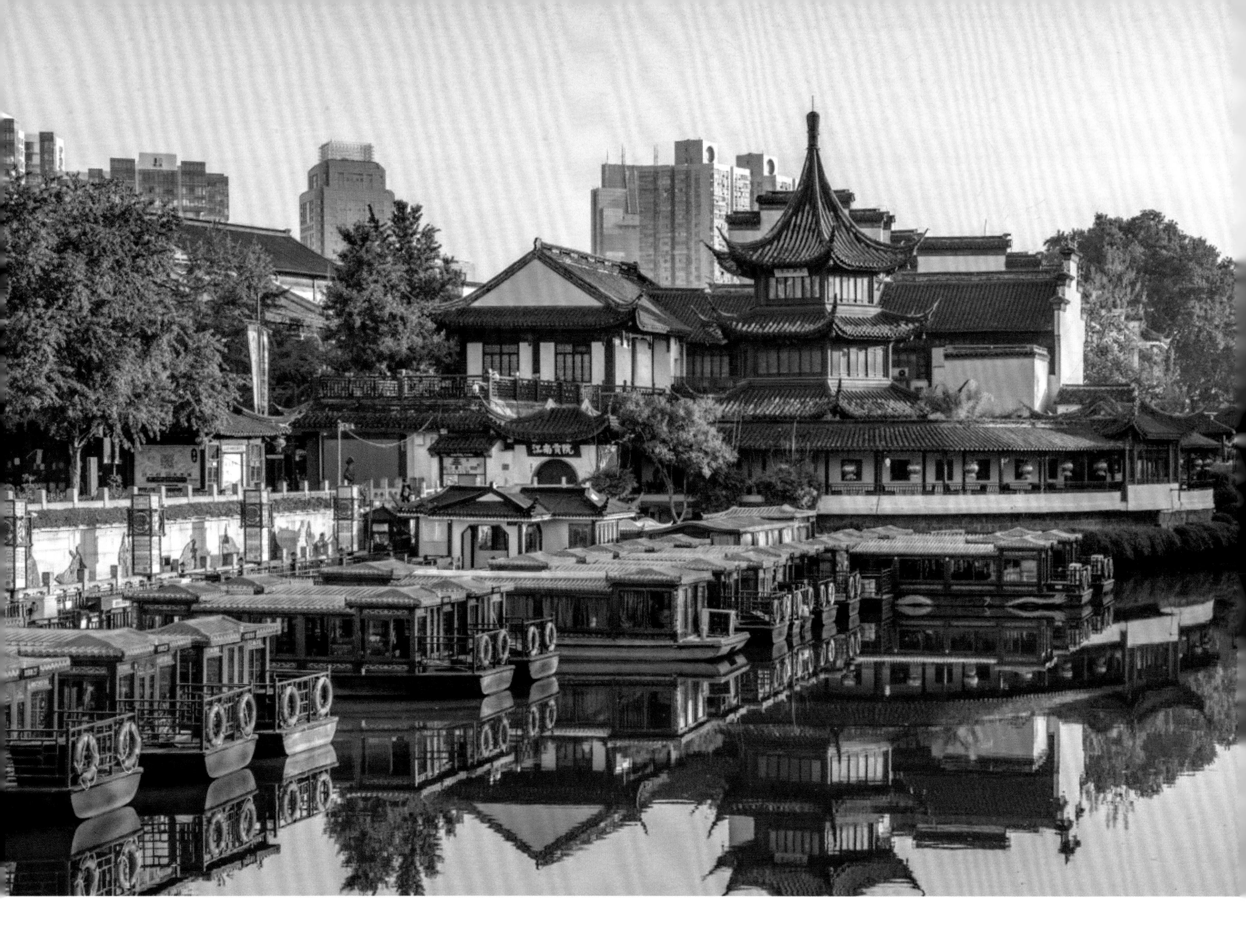

夫子庙步行街之所以成功，是因为它具有丰富的文化内涵，很有自己的特色风格。夫子庙、秦淮河有着深厚的历史文化积淀，庙市合一赋予它多姿多彩的民俗风情，明清风格的建筑形式极具地方特色，亭台楼阁、牌坊、栏杆等建筑小品更增加了诸多情趣。海内外游客都愿意到夫子庙步行街一游，就因为它是中国的、是南京的。只有民族的，才可能是世界的；只有具有特色的，才可能是有普遍意义的。

——南京规划委员会专家咨询委员会副主任，南京历史文化名城研究会会长　苏则民

复兴一个衰落的社会活动中心，首先必须解决的不是探求具体风格，安排具体内容，而是要搞清它原有活动的生存根基是什么，否则即使恢复了建筑环境，也不能获得理想效果。东西市场的设计力求创造一个满足人活动需要的物质环境，它既能承受人的活动，又能支持和诱发人的活动。

——项目设计团队

苏州刺绣研究所展销接待楼

尊重环境、尊重历史

设计单位 / 主要设计人
Design Institution / Main Designer

苏州市建筑设计研究院有限责任公司 / 时　匡、扬洪光

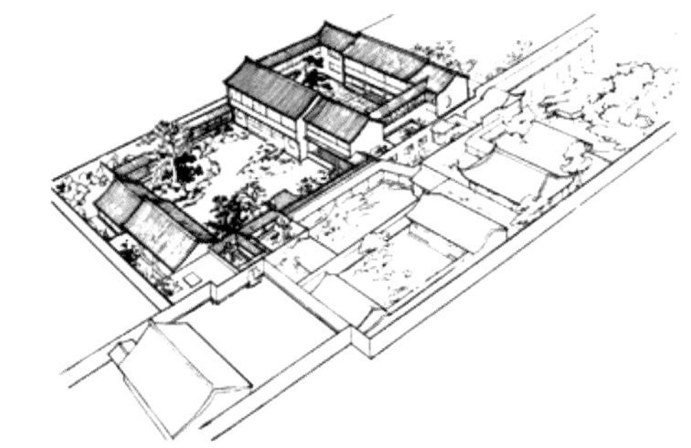

建设地点 Location　苏州

设计类型 Design Type　文化建筑

建成时间 Built Time　1984 年

获奖情况 Awards　2014 年 全国优秀设计金奖

苏州刺绣研究所接待楼紧邻明代建筑王鏊祠堂和古典园林——环秀山庄，是为展现苏绣艺术而兴建的一项工程。

由于周边老建筑的体型不大、层高不高，为此，项目采用了“尊重环境，尊重历史”的设计理念，体形上作了化大为小，化高为矮的调整。为了使新老建筑的体量形态接近，建筑色彩采用传统的黑、白、棕三色，素静、淡雅，同时将建筑化整为零，分散成大小不等、高低不一的几个部分，用廊将它们联系起来。新建筑层数严格控制在一二层之内，并尽量压低沿口，降低层高，调整建筑尺度比例，使得建筑体量和周边建筑群体协调一致。接待楼的外形采用了朴素、简洁的苏州传统民居形式，屋顶一律硬山处理，避免歇山、攒尖等复杂构造，避免了由于屋顶处理不当而造成环境的失调。

苏州刺绣研究所接待楼工程的设计甘当配角，但又对原景区的扩大和增色起到积极的作用。建筑外形各方面配合老建筑呈现古朴，但古朴之中也要能满足现代生活的需要；在具体设计手法上重视传统的继承，又有着发扬和创新。

——项目主要设计人　时匡

南京阅江楼

今古新亭一沧情

设计单位 / 主要设计人
Design Institution / Main Designer

东南大学建筑设计研究院有限公司、东南大学建筑学院 / 杜顺宝、丁宏伟、王小江、王海华

建设地点 南京
Location

设计类型 文化建筑
Design Type

建成时间 1998 年
Built Time

获奖情况 2001 年 教育部优秀勘察设计二等奖
2005 年 国家优质工程奖银奖
Awards

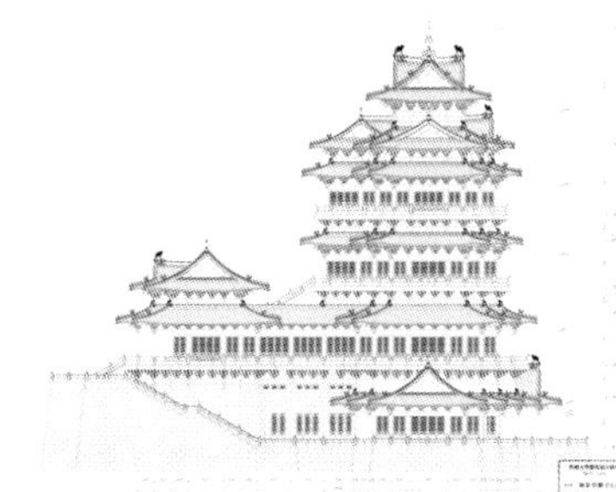

明太祖朱元璋建都南京，于洪武七年在狮子山巅建阅江楼，楼未建成却留下《阅江楼记》存世，有记无楼的记载极具传奇色彩。1993年，阅江楼设计建设项目启动。阅江楼建于狮子山主峰上，造型采用明初官方样式，长翼面北、短翼面西，主楼共7层，明4层暗3层，四面出平座，总高约51米。底下面北两层巧妙利用地形埋在大平台下，营造出壮阔、雄健的气势。副楼高一层，与正山门相对，成为上山四层平台的中轴线对景。主楼屋顶采用十字脊，两翼附以重檐歇山顶，构成优美的屋顶轮廓。屋面铺黄琉璃瓦，以绿琉璃瓦剪边。阅江楼利用原有山势地形，灵活运用古典建筑形式，与其相邻的明城墙及四周环境和谐融为一体，成了城市传承历史文化的新名片。

阅江楼高踞狮子山，俯瞰着南京这个曾经沧海的城市。抬头不远处就是南京长江大桥，横跨滚滚江水，气势如虹……它所记载的已不是明朝的那段历史，而是中华人民共和国经济社会发展的巨大时代变迁。从21世纪的开端写起，600年后，阅江楼也将以成熟稳重的长者形象，为后人讲述中国这几百年间的故事。

——《源流》

苏州博物馆新馆

中而新、苏而新

设计单位 / 主要设计人
Design Institution / Main Designer

贝氏建筑事务所 / 贝聿铭
启迪设计集团股份有限公司 / 宋希民、顾柏男

建设地点 Location　苏州

设计类型 Design Type　文化建筑

建成时间 Built Time　2006 年

获奖情况 Awards
2008 年 全国优秀工程勘察设计奖金奖
2012 年 江苏省第十五届优秀工程设计一等奖

苏州博物馆新馆北临拙政园，东贴忠王府（原苏州博物馆所在地），是由国际知名建筑大师贝聿铭设计的、国内首座现代化博物馆。该项目为贝聿铭的“封山之作”，被贝老视为“最亲爱的小女儿”。苏州博物馆新馆以“中而新，苏而新”为设计理念，从挖掘吴文化的精神符号入手，通过在现代空间中营造传统园林意境，实现传统与现代的转换。新馆建筑群继承和创新了江南古典园林的元素（片石假山），以大小各异的院落组合，完成功能的联系与转变，形成整体感和完整性。通过核心庭院的水景，新馆与北墙外拙政园融为一体。平面布局上，通过与忠王府嫁接形成紫藤园，从空间及精神层面完成了与历史血脉的连通。

新馆多处使用了几何形态空间，通过大量三角形、平行四边形等几何构成，创造出丰富的空间效果。尤其是几何形态的屋顶，突破了传统大屋顶沉重压抑的束缚，具有强烈的标识性。此外，建筑顶部借鉴传统建筑的天窗做法，使投射入室的光线通过可控的调节和过滤，在室内形成丰富的层次变化。别致的光影形成对比、产生流动，与院落空间、几何空间相互配合，达到了建筑与自然的情景交融，渗透出浓郁的传统建筑文化的韵味。

贝聿铭先生秉持“古而今、中而新、苏而新”理念设计的苏博新馆，利用现代钢筋的线条感，巧妙结合水面、庭院，与紧邻的拙政园和太平天国忠王府水乳交融，成为现代建筑、古典园林、山水庭院如行云流水般流畅的绝妙组合。

——《今日中国》2008 年 2 月

江苏苏州古城区里，白墙灰瓦的苏州博物馆是一张亮眼的城市名片。“不高不大不突出”的建筑与毗邻的拙政园、狮子林等古典园林完美地融合在一起，错落堆叠的几何形状又为它增添了几分现代气息。

——人民日报（海外版）2019 年 08 月 13 日

江宁织造博物馆

天上人间诸景备

设计单位 / 主要设计人
Design Institution / Main Designer

清华大学 / 吴良镛
东南大学建筑设计研究院有限公司 / 朱光亚、都　荧、相　睿

建设地点 Location　南京

设计类型 Design Type　文化建筑

建成时间 Built Time　2009 年

南京是中国伟大文学家曹雪芹的诞生地和“第二故乡”，据史料，江宁织造府是曹雪芹家在南京的遗迹，其祖辈先后在金陵担任江宁织造的要职近 60 年。在南京兴建与曹雪芹和《红楼梦》有关的建筑以供人们瞻仰，一直广受社会各界关注。著名红学家周汝昌先生曾言，“希望南京能在曹雪芹的诞生地大行宫建立一座纪念馆，到那时，全世界将会像瞻仰莎士比亚故居那样，对伟大文学家曹雪芹的故乡南京表示敬慕之忱。”2002 年，南京市政府邀请了吴良镛先生担任江宁织造博物馆的设计建设工作。博物馆以“核桃模式”和“盆景模式”为设计构想，将历史故事浓缩在“核桃模式”之中，将红楼梦“大观园”的空间意象浓缩于“盆景模式”之中，融合历史世界、艺术世界、建筑世界三大精神，使人们在这一建筑当中体会到历史与现代的时空传承，体现了中国传统“纳须弥于介子”的艺术境界。

江宁织造博物馆设计汲取了中国画山水意境的表达方式，以传统建筑群围合的庭院作为“内核”，复建了织造署中原有的西池、楝亭、萱瑞堂、西堂等建筑，形成以楝亭为中心的“高远”园林、以萱瑞堂为中心的湖面园林和以青埂峰为中心的下沉式园林，从南望北叠叠高起，如同一幅江南山水画，营造出“天上人间诸景备”的美学意境；建筑外围以现代建筑立面作为“外壳”，采用金属网以隐喻“云锦”分格借鉴传统屏风的处理手法，使博物馆与相邻现代建筑实现了统一之下的丰富变化。建成后的博物馆，人们从街道向北望去，不再是耸立的高楼大厦，而是一处藏在现代都市中的“山水盆景”。

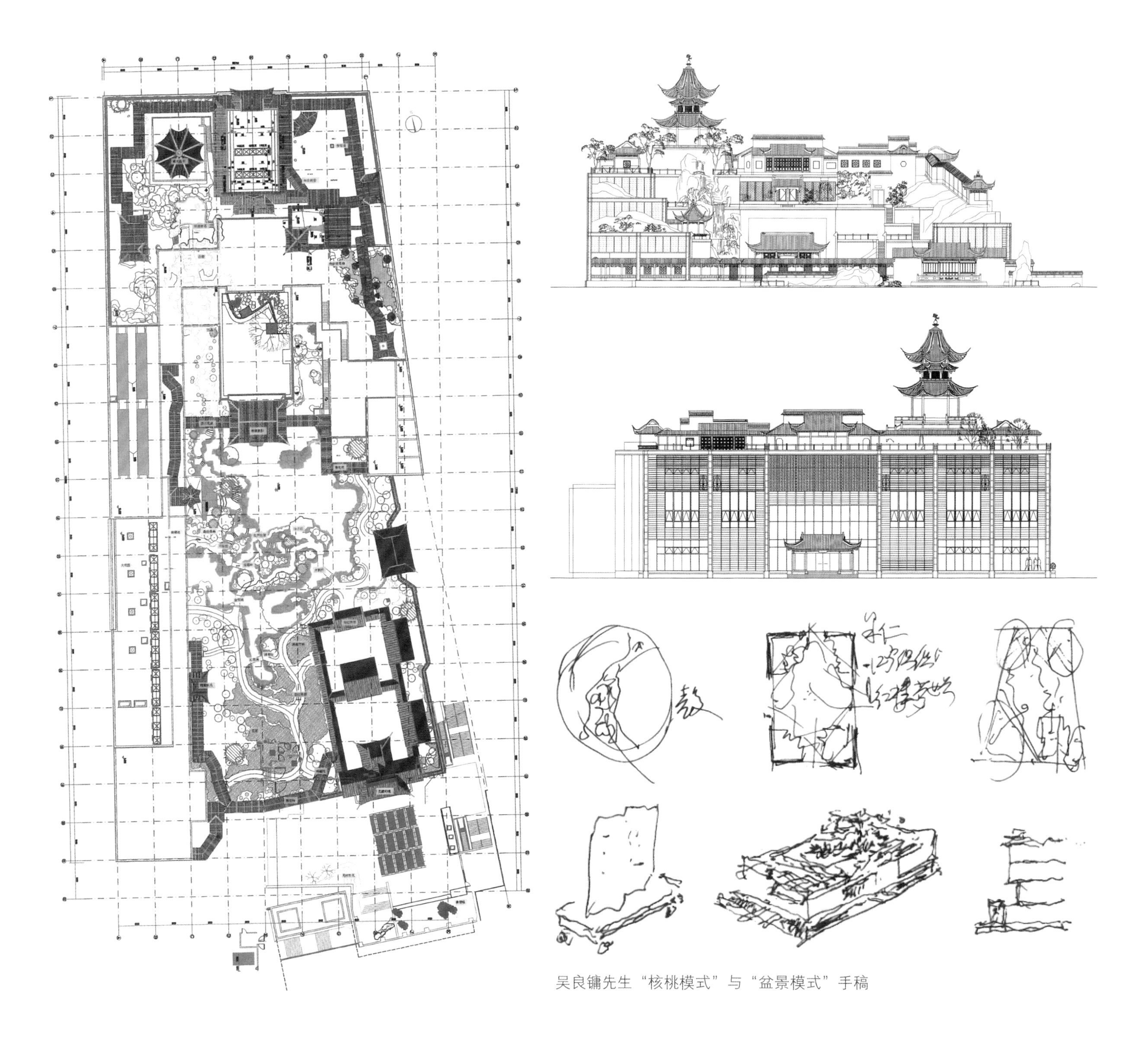

吴良镛先生“核桃模式”与“盆景模式”手稿

红楼梦博物馆的主要出发点，是用继承传统文化的精华，又刻意创新，既不回避地方建筑的古朴，又敢用今天的钢结构以及简洁的造型形成“云锦”的装饰创意，以“写意”的手法诠释红楼梦的历史文化。这是对《红楼梦》小说文化内涵的演绎与整体创造，它不是抄袭而是借鉴，是对南京特有的江南文化的刻意创新。博物馆建成之后，使得整个周边街区形成一个独特的面貌。既有山水画的意蕴，又有现代博物馆的独特功能。这是本设计的主题思想。

——项目主要设计人　吴良镛

文林万国姓名齐，芹在中邦莎在西。
英有故居华有馆，共来瞻慕远航梯。
南朝四百八十寺，到今几处剩遗痕。
喜看金碧浑如画，身在红楼茶正温。

——著名红学家　周汝昌

中国海盐博物馆

结晶之美的建筑演绎

设计单位 / 主要设计人
Design Institution / Main Designer

杭州中联程泰宁建筑设计研究院 /
程泰宁、吴妮娜、杨　涛

建设地点 Location　盐城

设计类型 Design Type　文化建筑

建成时间 Built Time　2008 年

获奖情况 Awards
2011 年 第六届中国建筑学会建筑创作奖优秀奖
2013 年 全国优秀工程勘察设计行业奖建筑工程二等奖
2019 年中国建筑学会建筑创作大奖（2009-2019）

中国海盐博物馆坐落在盐城人工运盐河——串场河与宋代范公堤两者之间，是全国唯一一座反映悠久海盐历史文明的大型专题博物馆。盐城有着广阔的滩涂海域，如何体现这一地域特色，并把“滩涂”这一元素融入建筑设计之中，是设计研究的重要根基。正立方体，是海盐结晶体的基本形式，海盐博物馆这一方案形体探索的切入点便来源于对“结晶之美”造型的演绎。博物馆通过白色盐晶造型的雕塑设计，融合海边滩涂海盐生产地等元素，将旋转的晶体意象与层层跌落的台基相组合，就像一个个晶体自由地洒落在串场河沿岸的滩涂上，让人领略到先祖“煮海为盐”的历史文明。同时，暖灰色砂岩外墙，具有石的质地，沙滩般的纹理，贴近自然，古朴典雅；顶部晶体采用银色金属铝板镶嵌金属钉，通过金属钉多角度的反射，在阳光的照射下熠熠生辉、美轮美奂。

建筑造型是海盐结晶体的演绎，广阔的海边滩涂为海盐的生产提供了独特的环境。在这块“环城皆盐场”因盐置县的广袤盐区，有着两千多年的产盐历史，盐城是“两淮盐税甲天下”的重要源区。聪慧勤奋、自强不息的盐城人“煮海为盐”，更创造了粗犷朴实、灿烂辉煌的海盐文化。散落在盐阜大地上丰富的物质和非物质的海盐历史文化遗存，充分证明了盐城这个地域、这座城市的文化之根，就是历千年而韵存、熠熠生辉的海盐文化。海盐博物馆采用旋转的晶体和晶体的相互叠加依靠与层层跌落的台基相组合，体量明确，雕塑感极强，给人以极大的视觉冲击力， 就像一个个晶体自由地洒落在串场河沿岸的滩涂上，造型独特，必将成为盐城的一道特有景观。

——项目设计团队

中国海盐博物馆，其层层跌落的折线型台地，象征海水退去后显露出来的滩涂，线条浪漫而不失理性，海盐结晶体一般的立方体散落台基，展现出充满活力的河海化境。

——同济大学建筑与城市规划学院教授　支文军

无锡鸿山遗址博物馆

尊重历史传承文脉

设计单位 / 主要设计人
Design Institution / Main Designer

中国建筑设计研究院 / 崔　恺、张　男、李　斌、熊明倩

建设地点 无锡
Location

设计类型 文化建筑
Design Type

建成时间 2008 年
Built Time

获奖情况 2011 年第六届中国建筑学会建筑创作奖优秀奖
Awards

无锡鸿山遗址博物馆是一座以全国重点文物保护单位鸿山墓群为依托，在特大墓葬邱承墩原址上设计建设的专题博物馆。呼应鸿山遗址墓葬“平地起封”的特点，博物馆的设计充分尊重原有地形、地貌，采用泥墙、草顶、坡面等简朴造型，使博物馆与环境融为一体，并突出了遗址的平面形象，使墓制、形制等历史信息得到充分展示。

建筑主要分为主馆和丘承墩特别保护展厅两部分。其中，主馆半埋入地下，以尽量减弱体量，建筑条块分割状的平面布局均与基地中稻田与田垄形态相呼应，建筑形体平卧田间，潜藏在广袤的原野中。丘承墩特别保护展厅因建在原址之上，位置和高度均受限，因此采用封土堆形式将展厅围裹在中间，避免出现过于突兀的形态。整体设计平面像一把弓箭，象征吴越争霸历史，及吴地人文独特的进取心和力量。

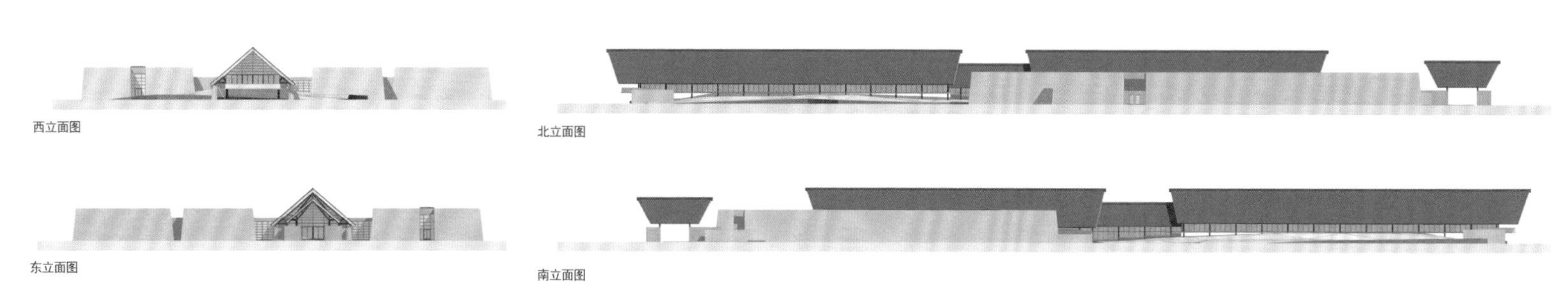

西立面图

北立面图

东立面图

南立面图

完成后的博物馆将是一组平行错动的长方体，草顶斜墙与周边的自然环境交融为一体。只有中部如同“龙脊”一样，长长的双坡顶卓然不群。它宽窄高低的变化，准确地反映着内部空间的功能和尺度，并具有强烈的导向性。矫矢灵动，直指天边，为平卧在大地上的这座安静的建筑贯注了无尽的精神。这样一座融合遗址封土特点、朴素的江南民居和粗犷的先秦建筑形态的三重特征的博物馆呈现在面前。

——项目主要设计人　崔愷

一眼望去，“鸿山遗址博物馆”令我印象深刻。看似粗犷的外表，隐藏不了喷薄欲出的“先民”气息，似乎向我们述说着这片土地上伟大历史。的确，在3000年前华夏文明孕育诞生的先秦时代，吴文化以其独特的方式在这片热土上影响着中原文化，塑造华夏文明“孩童”时期的精神内核。与其说是参观博物馆，不如说是“鸿山遗址博物馆”用建筑的形式让我们走向了先秦吴文化，走向中华民族的心灵深处。

——无锡市民

常州博物馆及规划展示馆

城市之窗

设计单位 / 主要设计人
Design Institution / Main Designer

深圳市建筑设计研究院 / 孟建民
江苏筑森建筑设计股份有限公司 / 杨 旭、蒋晓盈、单同伟

建设地点 Location　常州

设计类型 Design Type　文化建筑

建成时间 Built Time　2007 年

获奖情况 Awards　2008 年 江苏省第十三届优秀工程二等奖

常州博物馆及规划展示馆的立面设计成功地体现了“少即是多”的设计手法，建筑由两部分不同繁杂功能的体块所组成：象征未来的规划展示馆位于南侧，象征历史的博物馆位于北侧，经东侧一系列气势恢宏的通高柱列及上部的超大型弧形飘板的设计将二者紧密联系在一起，表达出历史和未来交融的形体意象。同时，项目与周边的市民广场形成呼应与向心感，与大剧院、行政中心构成了和谐共生的群体关系。

常州市规划展示馆展示了常州悠久的城市历史，展现改革开放以来常州城市建设的辉煌成就，展望常州未来发展的宏伟蓝图。规划馆是市民了解规划参与规划的重要平台，也是全市青少年爱国、爱常州的教育基地。

——常州市民

徐州城墙博物馆

城市文脉的时间循迹

设计单位 / 主要设计人
Design Institution / Main Designer

中衡设计集团股份有限公司 / 冯正功、蓝　峰、王志洪

建设地点 Location　徐州

设计类型 Design Type　文化建筑

建成时间 Built Time　2007 年

获奖情况 Awards
2008 年 江苏省城乡建设系统优秀勘察设计一等奖
2018 年 中国建筑学会建筑设计奖建筑创作金奖
2019 年 中国勘察设计协会“优秀（公共）建筑设计”一等奖

徐州城墙博物馆于古城徐州南门（奎光门）东延的古城墙遗脉之上设计建造。徐州古因遭黄河改道，水患频发，屡遭淹没。新城于旧城之上原址重建，成就“城下城、府下府、街下街、井下井”的古城遗脉。2014 年，深埋于地下几百年的明代古城墙被发现，同年，为展示古城历史文脉风貌，城墙博物馆启动设计建造。

博物馆建筑空间在地面层和地下层两重标高展开：地面层为门厅及序厅，主要展示空间在地下层，与城墙遗址持同一标高，以纪念“城下城”的历史遗脉。地面层建筑进深 3 间，形式与体量均遵循传统民居建制，以呼应其所在回龙窝历史街区的传统建筑与街巷风貌。建筑主体以清水混凝土 U 型玻璃构筑，双坡屋面则覆以金属瓦，并创造性地将 U 型玻璃用于平屋面，重构建筑光环境，以现代材料表达传统建筑，以实现历史与现代的共语。同时，地下一层为城墙文脉展示，设计不仅突出了深埋在地下四百年的一段城墙遗址，地下层隔墙交错而置，构建出空间层次与起伏：或狭长，或明阔，或连续，或停留，给人们一种新的感受。

城墙博物馆以时间倒叙的方式记述古城与古城墙历史脉络。逐级向下，回到因黄河水患与“城上城”建设而深埋于地下的古城墙所在的时态与地脉；行迹至深，亲历因时空变换而静藏于古城墙中的关于古城、古建筑以及街巷庭园的记忆。设计试图通过片段式记忆在连续性空间之中的链接，构建人们对城市、建筑与历史的记忆网络，以微小场所和微小建筑为触媒重新思考城市文脉的延续性表达，守护历史文脉，守护城市与建筑风貌。

——项目主要设计人　冯正功

泰州民俗文化展示中心

与古为新

设计单位 / 主要设计人
Design Institution / Main Designer

华南理工大学建筑设计研究院有限公司 / 何镜堂、张振辉

建设地点 泰州
Location

建成时间 2011 年
Built Time

设计类型 文化建筑
Design Type

获奖情况
Awards
2013 年 全国绿色建筑创新二等奖
2015 年 教育部优秀勘察设计一等奖
2017 年 国家优质工程奖

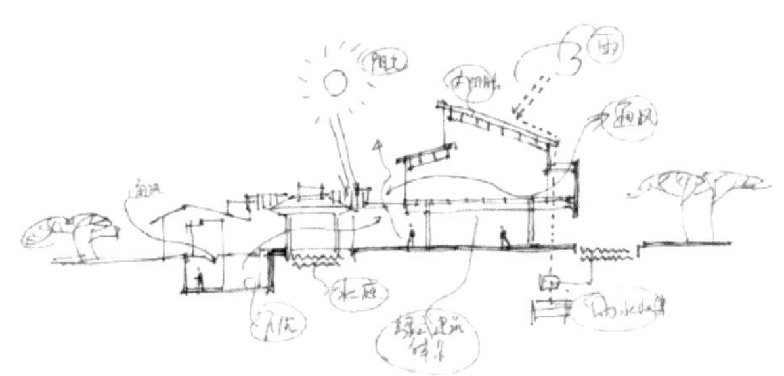

泰州民俗文化展示中心地处城市旧与新、历史水系等众多因素的聚集地带，北靠小尺度的传统街巷肌理，南临大尺度的现代城市体量。为延续和强化原有的历史文脉，建筑设计注重与历史街区的融合，以新建展示馆为主体，从东到西建立起一系列具有叙事结构的空间序列，顺接了从历史街区过渡到现代城市的大小肌理与体量。同时，设计借鉴传统的“水宅园”的方式，一系列单元式展厅布置两侧，以长长的水庭为核心，形成层层递进的多个院落。建筑外表皮通过石材的切割，形成与传统街区青砖尺度相匹配的细密横向肌理，营造出既融入传统记忆又焕然一新的当代城市生活空间。建筑还融合了通风、采光、隔热、防潮、雨水收集和循环利用、太阳能利用和机电智能化管理等多方面的绿色生态技术。

泰州民俗文化展示中心通过多层级、现代理性建造且诗意表现的设计策略，以细密的编织将新旧冲突的城市乱象缝合，以新的现代建筑语言从整体到细部对当地传统建筑进行转译阐释，塑造新泰州建筑品相，有效地整合并带动了周边老城区的城市更新。

——《华中建筑》

2018 年 09 期

紫峰大厦

时代地标 · 盘龙腾跃

设计单位 / 主要设计人
Design Institution / Main Designer

（美国）SOM
华东建筑设计研究总院 / 陈　雷、华绚、贾　渤、钟　声

建设地点 Location　南京

设计类型 Design Type　商业建筑

建成时间 Built Time　2010 年

获奖情况 Awards　2011 年 全国优秀工程勘察设计行业奖建筑工程一等奖

南京紫峰大厦高 450 米，是首座由国内投资、建设的超高层建筑。建筑设计融入了富有中国元素的三种意向，即龙文化、扬子江和园林城市。建筑外立面的幕墙玻璃采用龙鳞式锯齿状的单元式玻璃幕墙安装方式，使得玻璃幕墙如同龙鳞一样，沿着建筑盘旋而上，从整体上营造出巨龙出江的观感，辉映着南京作为区域性中心城市的时代气息。幕墙分别由绿、蓝两组玻璃勾画出蟠龙模样的外立面，不仅具备节能效果，而且随着视角的不同以及阳光的变化会产生不同的立面效果，形成步移景异的效果，体现了世界当代建筑艺术与中国传统文化、南京本土人文物色的结合。

紫峰大厦在建筑外立面上使用了独特的单元结构三角玻璃幕墙，如龙鳞一样，沿着建筑盘旋而上，从整体上营造出巨龙出江的观感，辉映着南京的当代气息。

——《南京日报》2012 年 2 月 16 日

新四军江南指挥部纪念馆

建筑的民族化与现代化

设计单位 / 主要设计人
Design Institution / Main Designer

南京大学建筑规划设计研究院有限公司 / 张 雷

建设地点 常州
Location

设计类型 文化建筑
Design Type

建成时间 2007 年
Built Time

获奖情况 2009 年 全国优秀工程勘察设计行业奖建筑工程二等奖
2009 年 江苏省优秀勘察设计一等奖
Awards

新四军江南指挥部展览馆（简称“N4A 纪念馆”）位于距离南京溧阳水西村，是为纪念新四军江南指挥部这一重大历史事件而建立的革命纪念馆。新四军江南指挥部旧址原为建于明代的一个宗族祠堂，2007 年，溧阳启动新馆建设工程。新馆采用了与旧址泾渭分明的空间塑造模式：以硬边几何体内向异型切割的处理方法和规则的框架体系，运用 100 度的双折线区将展览馆分成研究与展示两个部分；建筑师在其中各自挖出两个透底与半透底的空洞——用多个不规则斜面连接起来；同时，新馆的视觉要素完全符号化，几何母体表示建筑本身就是纪念物，石板贴面象征着石碑的经典含义，用红色铝板做内桶的表皮象征着革命战争洒在山岩上的鲜血，表达和呈现革命“水西精神”的历史意义。

2007 年完工的溧阳市“新四军江南指挥部展览馆”，就是一个在历史支点作用下将现代主义与中国现实顺利对接的案例。

——《时代建筑》2008 年第 6 期

江苏省美术馆新馆

和而不同的寻求

设计单位 / 主要设计人
Design Institution / Main Designer

（德国）KSP 建筑设计事务所
南京金宸建筑设计有限公司 / 李　青、马　莹、曾小梅、陈跃伍

建设地点 Location	南京	**设计类型** Design Type	文化建筑
建成时间 Built Time	2009 年	**获奖情况** Awards	2014 年 江苏省第十六届优秀工程设计一等奖 2017 年 全国优秀工程勘察设计行业奖二等奖

江苏省美术馆新馆位于南京市长江路这条民国文化轴线上，与老馆相距 600 米，与南京总统府、中央饭店、南京图书馆遥相呼应。这个坐落于民国建筑群落密集街区的新馆设计，将新旧两种意象融汇，既含有现代文化建筑的整体气质，又保留了南京的古都余味。从空中俯瞰，整个新馆是由两个 U 形建筑交错扣合而成的不规则方形，并在中心位置环抱出一个方庭。新馆通过两个主入口——导入感极强的窄长空间来以引导观众。这个颇具现代戏剧效果的处理手法，就源自对中国古典园林中“曲径通幽”这一意象的提取。美术馆的外立面风格简洁，线条硬朗。为了让美术馆的外观看起来更为整体和富有韵律，设计师将大量的竖向长窗不规则地排布于立面，立面材质选取了石材，以呼应南京“石头城”的历史寓意。同时，条状的金属板在石材和窗户上交替出现，打破了石建筑的古朴沉重，带来了活泼的现代个性。

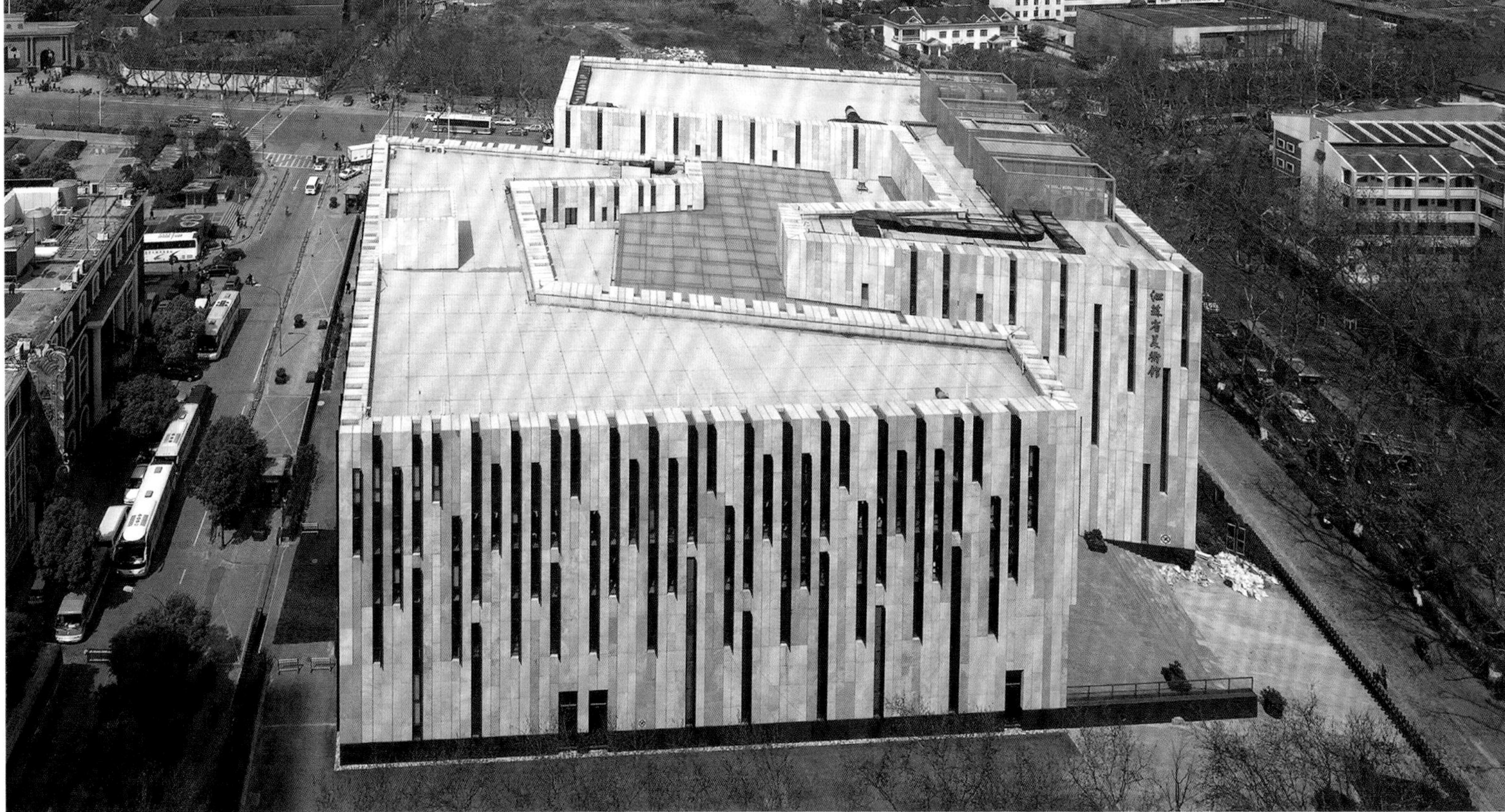
江苏省美术馆

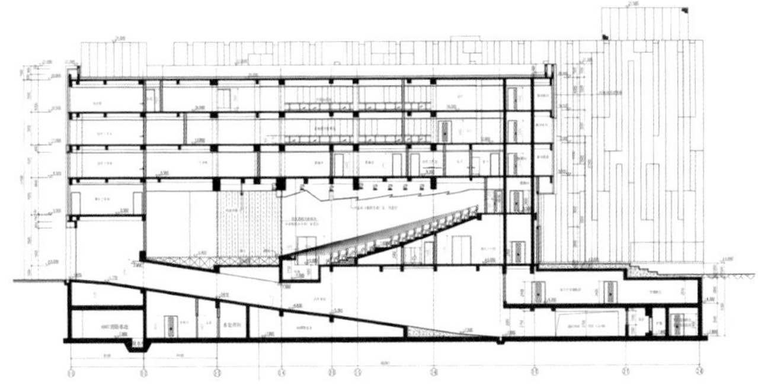

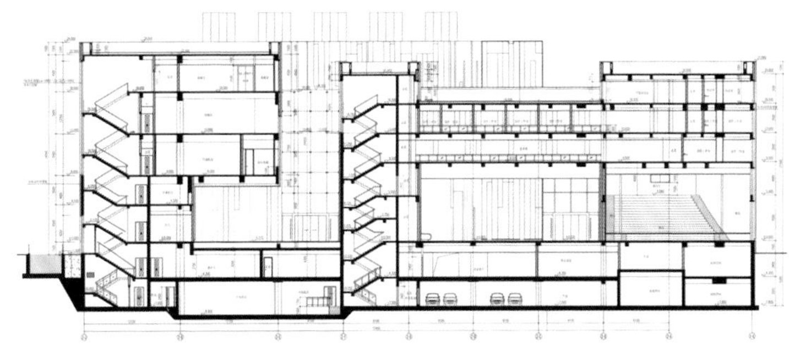

江苏省美术馆是城市中不可获取的精神标志，赋予整个城市丰厚独特的文化底蕴，精致地表达出城市特有的内涵与风韵。

——中国美术家协会理事　王筱丽

身处民国历史建筑群，展馆并没有用任何传统符号和建筑形式来呼应历史环境，而是通过空间、体积和材料来形成一种对比的呼应。

——东大建筑历史与理论研究所所长　周　琦

像埃及金字塔一样简约、纯净、充满力量，希望它成为展示艺术作品的舞台而不夺艺术品的锋芒，是我们赋予这座美术馆的独特文化气质，相信它能在南京这个文化中心城市，历经时代变迁而成为建筑的经典。

——项目设计团队

镇江博物馆新楼

传统韵味　现代演绎

设计单位 / 主要设计人
Design Institution / Main Designer

江苏中森建筑设计有限公司 / 姚庆武、张　霆、周文林、陈　红

建设地点 Location　镇江

设计类型 Design Type　文化建筑

建成时间 Built Time　2005 年

获奖情况 Awards　2005 年 建设部优秀勘察设计三等奖
2005 年 江苏省优秀勘察设计一等奖

镇江博物馆新馆位于旧馆区西南侧。旧馆为原英国领事馆旧址，以东印度风格为主，是目前国内保存最完整的领事馆建筑，1996年批准为全国重点文物保护单位。为更好地融合旧馆风格，新馆的设计与山体自然结合，适应高差复杂、空间狭窄的自然环境，建筑立面采用廊柱、弧形等要素，运用砖式斗拱这一老馆舍“符号”，形成与旧馆的对话；外墙也以花岗岩仿砖形式，中间饰有浮雕纹带，图案选用馆藏文物青铜凤纹尊的凤纹图案，进行简化提炼，以体现镇江文博特色；环境设计以西式为主，注重理性主义和自然主义的融合。馆内空间组织合理，参观者在参观的过程中可以感受到步移景异，岩石园、桔园、云山飞瀑等各节点设计风格独特又浑然一体。

镇江博物馆新馆的设计很好地处理了与旧馆的关系，其充分利用地势使之成为一个整体的建筑群。中庭面对云台山，山景映入中庭，各展厅贯通布置，既可贯通一体，也可单独使用。新馆的立面风格从色调到材料上也与老建筑协调统一，整体简洁、有力、质感丰富，既体现这一地段的特殊历史文脉，又不失现代感。

——《华中建筑》2009 年 12 期

费孝通江村纪念馆

根系乡土　融入江村

设计单位 / 主要设计人
Design Institution / Main Designer

苏州九城都市建筑设计有限公司 / 张应鹏
同济大学建筑与城市规划学院 / 李　立、张　承

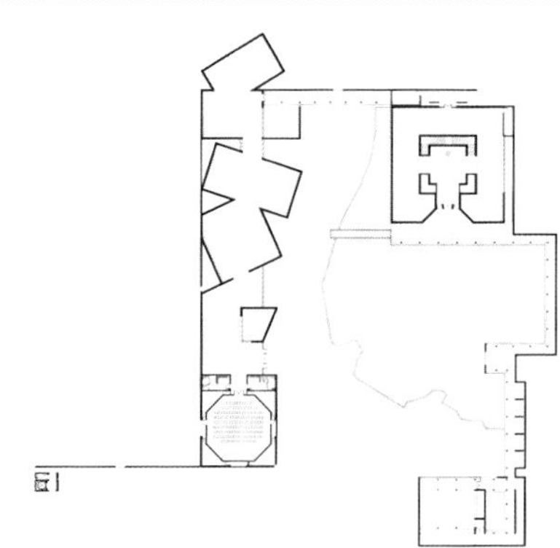

建设地点 Location　苏州

设计类型 Design Type　文化建筑

建成时间 Built Time　2010 年

获奖情况 Awards
2011 年 第六届中国建筑学会建筑创作优秀奖
2011 年 第六届中国威海国际建筑设计大奖赛金奖
2019 年 中国建筑学会建筑创作大奖（2009-2019）

费孝通江村纪念馆位于中国社会学调查的起点——开弦弓村。为了纪念著名社会学家费孝通先生诞辰 100 周年，吴江市政府决定费孝通江村纪念馆启动设计。

开弦弓村是一个典型的江南水乡村落，宛如弓形的小清河蜿蜒穿行，构成村落的基本生活空间。纪念馆的建设用地是村落边缘的一块废弃地。设计团队以激活村落公共空间为出发点，立足于延续村落文脉、促进村落空间的可持续生长的设计理念，使得纪念馆真正成了村落的公共场所。纪念馆以堂、廊、亭、弄、院、桥等元素回应了江南建筑特点，尤其是“廊”这一中间层次的过渡空间极大地增进了建筑的公共属性，为容纳多种形式的村落活动提供了可能。建筑形体的扭转是对开弦弓弓形村落布局的回应与隐喻，通过精确的对景处理给分散的建筑群体增强了视觉张力，丰富了人行进中的空间体验。此外，考虑到乡村建造的实际情况，项目设计尽量减少施工工序，降低工程造价；室内采光充分运用了自然光，以最大幅度降低纪念馆的运转与维护费用。

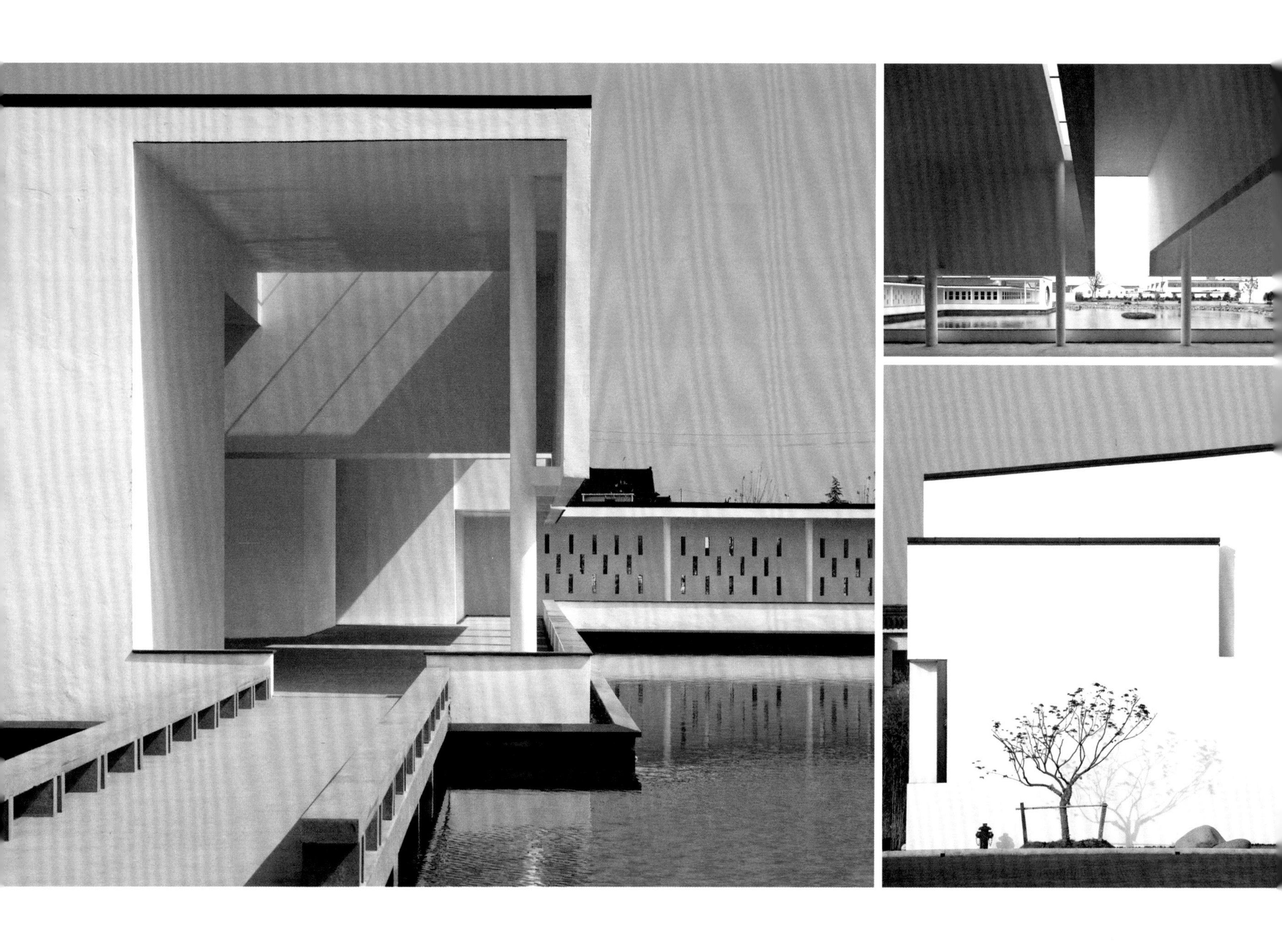

延续村落文脉、增进村落活力，在此基础上实现村落的可持续发展是设计者对费孝通江村纪念馆的创作设想，也是践行费老“志在富民”理想的一次尝试。它传递的是“服务乡村，甘做配角”的设计理念，最终能否实现建筑与村落的真正融合还需要等待时间的检验。

——项目设计团队

南京奥林匹克体育中心

现代化体育公园

设计单位 / 主要设计人
Design Institution / Main Designer

（澳大利亚）HOK 设计公司
江苏省建筑设计研究院有限公司 / 李　青、江　兵、廖　杰、秦玲玲

建设地点 南京
Location

建成时间 2005 年
Built Time

设计类型 体育建筑
Design Type

获奖情况
Awards

2005 年 全国十大建设科技成就奖
2006 年 江苏省第十二届优秀工程设计一等奖
2007 年 国际奥林匹克体育与娱乐设施金奖
2008 年 全国优秀工程勘察设计行业奖二等奖
2008 年 全国优秀工程勘察设计奖铜奖

南京奥林匹克体育中心位于江苏省南京市建邺区河西新城，占地面积 89 万平方米，建筑面积 40 万平方米。南京奥林匹克体育中心设计以创造“人的场所”和新城“活力聚焦点”为理念，打造多功能复合的环境场所和世界级的运动设施。主场馆是运动区域的核心，其独特的环面屋顶使其成为南京的地标建筑。在屋顶挑蓬结构设计中，实现了世界上跨度最大的一对“双”斜拱，成为世界第一个“弓”结构。南京奥体中心主要建筑包括“四场馆二中心”，包括体育场（含训练场）、体育馆、游泳馆、网球馆、体育科技中心和文体创业中心。体育场 6 万 3 千座席，体育馆 1 万 3 千座席。建成后的南京奥体中心是 2005 年十运会、2013 年亚青会主会场和 2014 年青奥会的主会场。2007 年荣获第 11 届国际优秀体育建筑和运动设施金奖，是中国第一个获此殊荣的体育建筑。

经过设计、监理、施工、安装、景观等各方面的共同努力，以及中澳双方技术人员的友好合作，建设成功的一座现代化的体育公园。通过近期试运行，各项硬件指标设计基本达到业主的要求，也达到了国家以及地方有关法律法规和规范的要求，基本实现了设计优良、功能合理、新技术新产品的科学应用的目标，向全省全市人民交上了一份满意的答卷，同时也为南京的城市建设增添了一笔浓浓的绚丽色彩。

——项目设计团队

南京奥体中心，立足于一个高品位的综合性文化体育设施，具有文化的观赏性、艺术的感染力，体现南京古都与现代文明相融合的文化特色，实现环境景观与现代体育建筑相交融。

——奥体体育中心工程指挥部有关人士

南京国际展览中心

技术与美的结合

设计单位 / 主要设计人
Design Institution / Main Designer

东南大学建筑设计研究院有限公司 /
高明权、马晓东、刘 圻、王志刚

建设地点 Location　南京

设计类型 Design Type　展览建筑

建成时间 Built Time　1999 年

获奖情况 Awards
2001 年 建设部优秀勘察设计二等奖
2002 年 全国第十届优秀工程设计项目银质奖
2002 年 江苏省第十届优秀工程设计一等奖

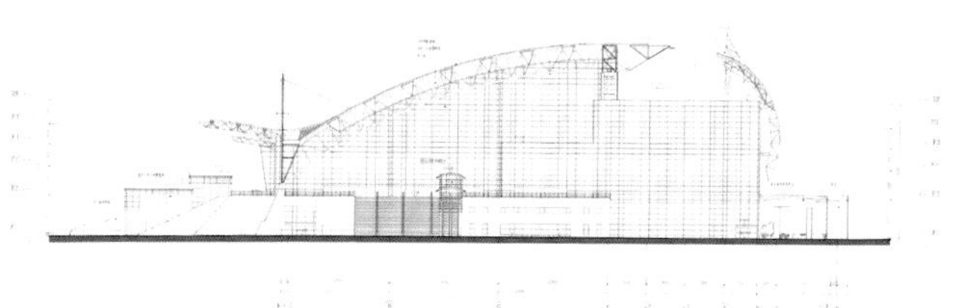

南京国际展览中心以创造21世纪国际水准的大型展览建筑为目标，以新材料、新技术、新工艺为依托，强调技术美学、结构美学与建筑美学的统一。项目以“技术性思维”捕捉结构、构造和设备技术与建筑造型的内在联系，采用多项国际先进的新材料和新技术，如点驳接拉杆及拉索玻璃幕墙技术、高强高性能混凝土技术、大跨度弧形钢拱架屋盖安装技术等。同时，在建筑造型创意和整体形象上，将技术升华为艺术，并使之成为富于时代气息的表现手段。落成后的国际展览中心集展览、商贸、会议、科技信息、旅游、餐饮等功能为一体，承办过多次重大国际博览会、全国性贸易洽谈会等大型展览和专题会议，成了一座跨世纪的标志性建筑。

南京国际展览中心为高技派建筑风格，主体结构为现代钢结构，运用钢结构的造型和凸显结构构件的手法表现技术美。其整体形象雄伟、壮观、浑然大气，流线型的外部造型既与内部空间有机结合，又有利于自然通风，形式与功能达到完美统一。

——项目主要设计人　马晓东

扬州体育中心、文化中心、国际展览中心

城市的客厅　市民的空间

设计单位 / 主要设计人
Design Institution / Main Designer

苏州市建筑设计研究院有限责任公司 /
时　匡、戴雅萍

建设地点 Location　扬州

设计类型 Design Type　体育、文化、展览建筑

建成时间 Built Time　2002 年　2009 年

获奖情况 Awards

2004 年 江苏省第十一届优秀工程设计一等奖
2009 年 全国优秀工程勘察设计行业奖建筑工程二等奖
2009 年 全国优秀工程勘察设计行业奖建筑结构三等奖
2009 年 江苏省第十三届优秀工程设计一等奖

扬州体育中心、文化中心和国际展览中心是一组“人—建筑—自然”和谐共生的建筑群，追求建筑的开放性和环境的连贯性，不拘泥于个体建筑形式的创作，更注重从整体“场景”出发，强调从大到小、从区域到环境景观的和谐。其中，体育中心打破常规，被设计成为体育公园，让建筑充分尊重原有生态地形特点，“隐身”在绿化环境之中，使建筑如同生长在地域环境中的一道风景。文化中心同样强调隐映在绿化环境之中，并通过造型、体量、高度以及材质的把控，突出群组建筑的整体魅力。国际展览中心的建筑主体为大跨度无柱钢结构体系，净层高 20 米，立面通过大面积通透的玻璃将四周优美的景观收纳于馆内；建筑造型采取简约构图，利用弧形曲线使厚重的屋顶变得轻盈，把丰富变化的内部空间掩藏在简洁的屋盖之下，并通过材质的运用和分割比例等细部处理，让建筑与环境更好地相融。同时，会展中心室外有湖滨广场，既可举办盛大庆典活动，也可布置室外展台，成了市民喜闻乐见的公共活动空间。

建筑“以人为本”已成为当今的时尚，但如何在建筑中真正体现？扬州国际会展中心试着做了一些具体的探索。以人的感知、感觉和感受，从触摸到的墙体表面到空间的转换感受到材质、光影和环境，会展中心注重人性化的设计体现在各个方面。

——《建筑学报》2003 年 7 期

南部临湖的湖滨广场的亲水性是整个会展中心景观中最具魅力的一笔。面对人工湖的水面拾阶而下，沿着亲水平台漫步，远处伸入水面的休闲小屋及“帆”造型的小品，一个隔离于城市喧嚣之外的安宁自省的恬静环境油然而生。水因建筑而显现，建筑因水而生灵。

——项目主要设计人　时匡

南京火车客运站

立体化交通建筑的先行者

设计单位 / 主要设计人
Design Institution / Main Designer

（法国）AREP 公司
中铁第四勘察设计院集团有限公司

建设地点 南京
Location

设计类型 交通建筑
Design Type

建成时间 2002 年
Built Time

南京铁路旅客站房采用桅杆斜拉索悬挂结构，用 18 根桅杆支撑起横向钢梁，像一艘竖起桅杆、拉满风帆的巨型帆船停泊在美丽的玄武湖畔，既具有江南文化特色，又融合现代化气息。此外，站房为特大型线侧式站房，创造性地实现了以横向进站集散大厅代替传统中央分配大厅。结合“高进低出”的客流组织模式，通过立体化的交通组织，实现铁路客站与城市交通间高效、便捷的“零距离”换乘体验。室内空间布局借鉴航空港的空间形态，开放式的候乘模式使车站更加通透开敞。

南京火车站旅客站房以其合理的布局、新颖独特的建筑造型成为铁路旅客车站省级示范站，并被评为新中国成立 60 周年“百项重大经典建筑建设工程”。

苏州大学王健法学院

与历史共生的人文建筑

设计单位 / 主要设计人
Design Institution / Main Designer

中衡设计集团股份有限公司 / 冯正功、张　谨、陆学君、王　丽

建设地点 苏州
Location

设计类型 教育建筑
Design Type

建成时间 2004 年
Built Time

获奖情况 2004 年 江苏省城乡建设系统优秀勘察设计奖一等奖
2004 年 江苏省第十一届优秀工程设计一等奖
Awards

苏州大学王健法学院坐落于百年校园中轴线上，是苏州大学的标志性建筑之一。设计围绕场地内五棵受保护古树展开，让新建筑以开放、谦逊的姿态与历史悠久的校园“共生”，并将传统工艺与现代技术、材料相结合，既吸取了老校区的色彩、材质、体量，又融入了中国传统建筑的“神”，以“现代的中国建筑”为切入点，巧妙地搭起了一座传统与现代、老校区与新建筑交流对话的桥梁，充分体现了建筑的开放性和包容性。整个建筑的设计汲取中国传统建筑巧于因借、步移景异的精髓，视线所及之处时有惊喜和另一番意境，传承并发展了中国传统优秀文化，营造出浓厚人文氛围的教育空间。

材料是建筑表达的重要语言，材料的选择与表面的处理不仅要注重功能，更应注重建筑要表达的人文特质。苏州大学王健法学院位于百年校园的中轴线上，为配合充满人文气质的校园空间，外墙材料特别烧制了厚度为 3cm 的人工黏土面砖，“原始”的生产工艺造就了每块砖在尺寸与色泽上的天然微差异，延续了历史的印迹。

——项目主要设计人 冯正功

南京大学仙林国际校区系列建筑群

开放融合的当代知识殿堂

设计单位 / 主要设计人
Design Institution / Main Designer

南京大学建筑规划设计研究院有限公司 /
冯金龙、张　雷、廖　杰、吉国华

建设地点 Location　南京

设计类型 Design Type　教育建筑

建成时间 Built Time　2012 年

获奖情况 Awards　2015 年江苏省城乡建设系统优秀勘察设计奖一等奖
2017 年 全国优秀工程勘察设计行业奖一等奖

南京大学仙林新校区是南京大学为创建世界一流大学而建设的国际化新校区，也是中国建设标准最高、现代化和智能化程度最高的大学新校区之一。校区标志性建筑包括杜厦图书馆、大气学楼、方肇周体育馆和文科楼等，建筑在形式、用色等方面均注重与百年南大鼓楼校区的延续统一，展现着当代南京大学焕发的别样时代风采。

杜厦图书馆位于新校区入口中轴线上，共5层，从南大鼓楼校区沉稳的灰砖、灰瓦和红门、红窗提炼出的色彩元素在新图书馆设计中进行融合，整个新馆如一本缓缓打开的书籍，隐喻着一个开放的知识殿堂。

图书馆三个围合的中庭，由内倒的曲面形成流畅的界面，界面表皮采用了通高的梭形铝格栅，与外立面厚重的石材幕墙形成了鲜明对比。图书馆各功能分区均采用大空间设计，可根据藏书情况的变化自由灵活分割，充分考虑了读者与藏书的互动，阅读与交流的开放。整个建筑外直内曲，稳健灵动，意在体现“书山有路勤为径，学海无涯苦作舟”的设计立意，充分体现了现代图书馆的交互性、开放性、灵活性和舒适性。

大气学楼位于校园西部东西向轴线以南，通过与中庭空间组合的模式衔接模块化的科研院落单元，形成类似细胞生长的聚落。建筑由西北侧、南侧的三个院落构成五层科研教学单元，建筑体量紧凑有序。

体育馆设计充分考虑了场地的多功能性和适应性要求，由三个立方体块的场馆组成，互相咬合穿插，主体馆空间最高，形成了一个红色铝格栅包裹的红色立方体，既起到了遮阳、避免眩光的功能，又塑造了一个纯净富有逻辑感的形象。

我去过世界各地很多大学图书馆，南大仙林校区图书馆现代端庄，是我见过的最美丽的图书馆之一。
——诺贝尔奖获得者，美国国家科学院外籍院士、中国科学院外籍院士，阿龙·切哈诺沃博士

- 踏进南大仙林校区南大门，一座抢眼的建筑便映入眼帘，他就是杜厦图书馆。庄重典雅的外部造型，如一本打开的书，完美契合“图书馆”的名头，她也是湖南卫视“天天向上”节目评选出的最美图书馆之一。
- 采光中庭共享空间已经成为大气学楼师生们最喜欢驻足的地方，也成了大气学楼和其他院系楼有区别的标志性空间。稳重大气独特的造型，在南京大学仙林校区已经建成的系科楼里独树一帜，赢得了师生们的一致好评。
- 南京大学“火立方”体育馆在网友们的票选结果中，排在第一的就是南京大学仙林校区体育馆，火红色的霸气外表，后现代主义的风格，加上由两个方块叠加组成的体育馆，被学生们亲切地称为“火立方”。

——南京大学师生

常州市体育会展中心

“场馆合一”理念的新拓展

设计单位 / 主要设计人
Design Institution / Main Designer

中国建筑西南设计研究院有限公司 / 黎佗芬、冯　远、刘　斌

建设地点 常州
Location

设计类型 体育建筑
Design Type

建成时间 2008 年
Built Time

获奖情况 2011 年 第十四届全国优秀工程勘察设计金奖
Awards

常州体育会展中心位于常州市新北区中心位置，是一个现代化的大型会展中心。整个项目总建筑面积 16.08 万平方米，可举办地区性综合赛事和全国性单项比赛。在用地十分紧张的情况下，设计中将 3.5 万人体育场与 2 千座游泳跳水馆结合，使体育中心的建筑更加紧凑，成功实现了“场馆合一”。6 千座体育馆与 1000 个展位的会展馆结合，体育比赛训练场地和会展空间可功能互换，达到资源利用最大化的目的。体育馆的椭球型索承单层网壳结构体系及性能达到了国际领先水平，取得了良好的经济和社会效益。

设计将场地中原有的三井河水巧妙引入体育中心，形成大面积浅水景观，建筑物宛如生长在水面中，体现江南水乡之特质；弧形的坡地绿化与会展中心的斜玻璃屋顶一气呵成，宛如清水上的浮萍托起纯净的广玉兰，充分体现出建筑物强烈的动感和气势。

常州市树为广玉兰，典雅舒展的体育场与游泳馆，正形同一朵飘浮在清水、绿萍上盛开的广玉兰花，片片花瓣簇拥而上。体育馆在会展中心斜面屋盖的映衬下成为标志性极强的“城市雕塑”，三片花瓣包裹的屋面造型令人产生“花蕾”的联想。

——项目设计团队

体育会展中心的建设是改善常州城市形象、提升城市品位的一项亮点工程，更是广泛开展全民健身运动、满足人民群众体育文化需求的一项民心工程、德政工程。奥体中心和会展中心的建成，不仅是常州市体育发展史上的一件喜事，更是常州市经济社会发展中的一件大事，标志着常州市社会事业特别是体育事业又迈上了一个新的台阶，必将成为常州市体育事业发展的一个新的里程碑。

——常州市民

东台城市规划展示馆

城市的窗口

设计单位 / 主要设计人
Design Institution / Main Designer

杭州中联筑境设计有限公司 / 王幼芬、谢　维、杨振宇

建设地点 盐城
Location

设计类型 文化建筑
Design Type

建成时间 2010 年
Built Time

获奖情况
Awards

2012 年 杭州市建设工程西湖杯（优秀勘察设计）一等奖
2013 年 浙江省建设工程钱江杯奖（优秀勘察设计）一等奖

这是一个窗口，展示东台历史地理、城市建设、文化艺术、人文经典。这里浓缩着城市的昨天、今天和明天。

——东台市民

东台城市规划展示馆由城市规划馆和文博馆两个部分组成，是展示东台城市发展、文化建设的重要窗口。建筑整体呈“一”字形，简洁大气，通过中部镂空的开敞“门”型横梁将城市规划馆和文博馆有机联系，由此也与城市空间相贯穿交融。同时，采用米灰色的花岗岩外墙体现沉稳，以420个2.8米方形中国红“万福”方框，凸显民族文化特色。此外，为了使建筑降低能耗，建筑结合内部空间布局和外部造型两个方面进行了节能考虑，利用双层表皮的外层结构减少阳光直射，降低建筑热负荷，满足部分空间的采光需求。整体设计充分注重与新旧城区在空间上的联系，营造出了一个更具吸引力、公共性、开放性的文化空间。

徐州音乐厅

城市文化的地标

设计单位 / 主要设计人
Design Institution / Main Designer

清华大学建筑设计研究院有限公司 /
祁　斌、邹晓霞、吕　雁

建设地点 徐州
Location

建成时间 2011 年
Built Time

设计类型 文化建筑
Design Type

获奖情况 2011 年 第六届中国建筑学会建筑创作奖优秀奖
Awards
2011 年 教育部优秀勘察设计一等奖
2015 年 全国优秀工程勘察设计行业奖二等奖

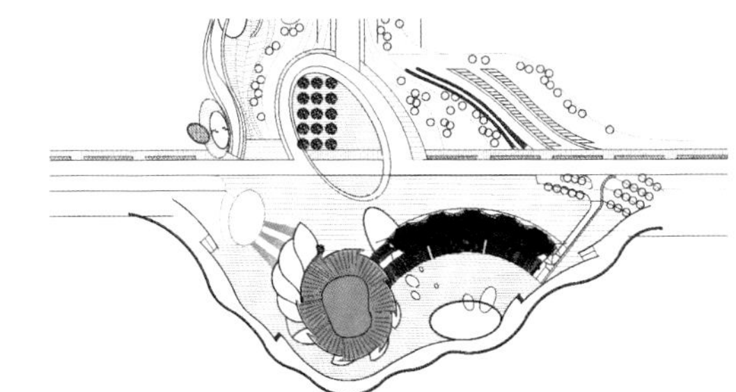

徐州音乐厅位于徐州云龙湖湖畔，基地突入湖中，三面临水，一面临城，外形以紫薇为创作原型，建筑整体宛如在水中盛开的花朵。建筑花瓣骨架采用钢构密实焊接，花瓣弧形曲度较大，每片花瓣使用的钢构重量超过 130 吨，实现了较高的工程施工安装水平。音乐厅作为集音乐戏剧演出、艺术交流、娱乐休闲、旅游服务等多功能于一体的艺术建筑，达到国内一流剧院的水平，满足了市民日益提高的文化生活需求，成了“徐州市文化产业示范基地”。

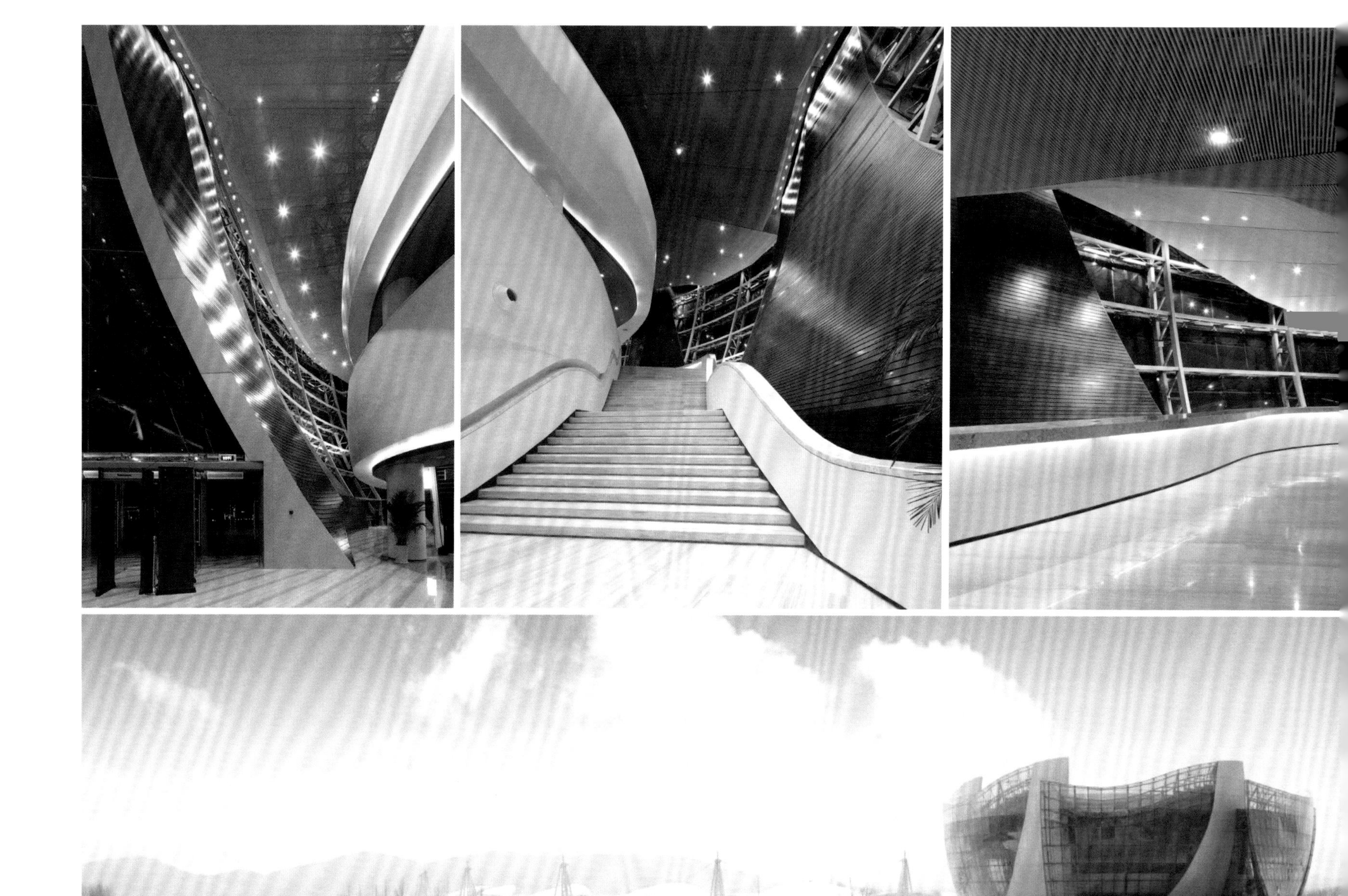

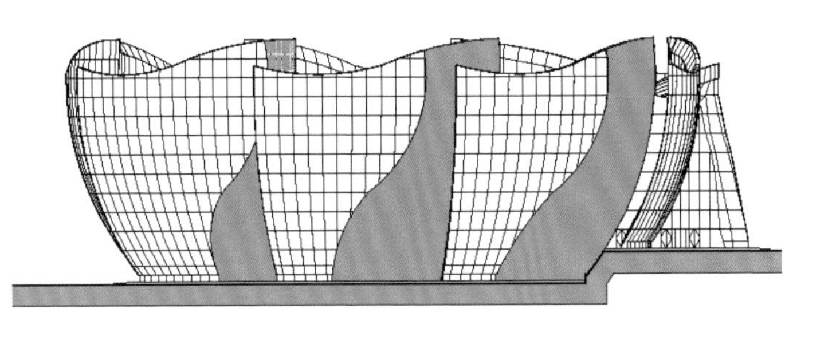
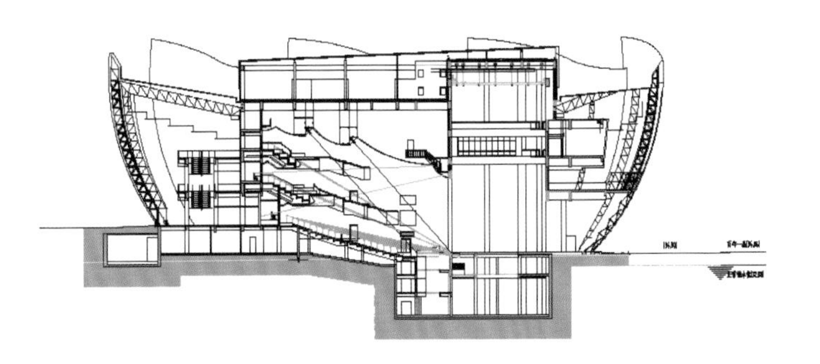

建筑整体犹如层层展开的花瓣，勾勒出花朵婀娜的形态，绽放在云龙湖平静的水面上。开放的室外看台及休闲空间环绕建筑主体，以美丽的云龙湖为舞台背景，成为城市公共演出的开放舞台，也为市民提供一处观湖休闲的公共空间。建筑契合场所、地形、功能特征，形成具有象征性的理性的建筑形态，融入山水城市景观，象征着进取的城市精神。

——项目主要设计人　祁斌

南京德基广场

商业航母 · 多维文化艺术综合体

设计单位 / 主要设计人
Design Institution / Main Designer

（美国）SOM
南京市建筑设计研究院有限责任公司 /
左江、路晓阳、蓝键、陈波

建设地点 南京
Location

设计类型 商业建筑
Design Type

建成时间 2010 年
Built Time

获奖情况 江苏省优质工程、鲁班奖
Awards

德基广场将时尚以及艺术融会贯通，不断举办高品质的绘画、音乐、雕塑等艺术活动，并时常以震撼人心的环保创意展示唤起消费者对人文社会以及环保事业的关注，使德基广场成为南京集时尚、公益、艺术为一体的精神殿堂，展示出更多除物质生活以外的人文关怀。

——媒体评论

南京德基广场定位为高端商业的综合购物中心，分为两期建设，主楼共 58 层。德基广场一期、二期建筑有机结合，地下地上相互连接，各种人流、车流合理组织，内外交通简洁、畅通，互不干扰。二期建筑在设置出入口斜向外挑空间，将城市道路转角处空间放大，同时与南侧一期建筑的商业主出入口广场连为一体，形成整体的城市商业空间。建筑造型设计上采用简洁整体的现代主义风格，建筑主塔楼外围维护采用低反射玻璃幕墙与金属构件的组合，使建筑更显现代；裙房采用透明玻璃幕墙将观景电梯、溜冰场以及商业空间展示出来，使建筑富有动感、活力和科技美学。建成后的南京德基广场成了新街口商圈的地标建筑之一。

启迪设计大楼

绿色三星级创意工场

设计单位 / 主要设计人
Design Institution / Main Designer

启迪设计集团股份有限公司 /
查金荣、戴雅萍、蔡　爽

建设地点 苏州
Location

设计类型 办公建筑
Design Type

建成时间 2010 年
Built Time

获奖情况 2011 年 全国优秀工程勘察设计行业奖绿色建筑二等奖
Awards 2012 年 江苏省第十五届优秀工程设计二等奖

启迪设计大楼原为航空公司旧厂房，项目设计遵循“自然采光、自然通风、生态遮阳、雨水回用、垂直绿化、资源再生”等多种生态理念，在最大化利用与保留原有建筑结构的前提下，结合苏州地方气候与文化特色，融入了众多地域传统建筑的生态智慧：开挖内部庭院，引入“穿堂风”；将“天井绿”植入建筑内部；把遮阴避雨的“烟雨长廊”变身为空中走廊；将江南民居天井里的“四水归堂”演绎为雨水回收系统等。通过运用绿色科技产品手段，融入高效健康人性化的使用空间，创造了一栋集绿色、节能、生态、环保于一体的再生厂房。

在旧厂房中加入绿色建筑概念，从技术指标上来讲与新建筑的绿色节能并无区别。从长远的经济效益与社会效益来看，改造是最有益的一个途径。苏州工业园区星海街 9 号厂房改造的成功案例对城市旧工业建筑的改造提供了一个方向，这对国内众多的旧厂房改造来说，是一种积极的探索，为我国江南地区和周遍地区相似的改造项目提供了很好的经验。本项目提出的“自然性”“经济性”“可推广性”的设计理念经证明，非常适合江南地区的既有建筑节能改造。

——清华大学建筑学院教授　栗德祥

这座绿色办公楼，以“自然采光、自然通风、生态遮阳、垂直绿化、资源再生”等为生态主题，既融合了江南地域传统，与自然相通、引自然之源入室，又结合时代科技，引入众多新技术、新材料和新系统。智能化中央控制系统的引进，使各种生态技术达到协同工作的最优化，实现一个真正意义上的生态建筑。好的绿色建筑，不一定是以高昂的造价换来的，也不是用各种新技术堆砌而成的，只有真正认识生态建筑的含义，多挖掘当地本土化的自然与人文资源，充分运用自主创新的技术材料，才能做出好的绿色建筑。

——《中国建设报》2013 年 4 月 10 日

- ◎ 南京博物院
- ◎ 中华慈善博物馆
- ◎ 昆山市文化艺术中心
- ◎ 苏州火车站
- ◎ 金陵大报恩寺遗址公园
- ◎ 牛首山文化旅游区
- ◎ 江苏大剧院
- ◎ 无锡大剧院
- ◎ 宿迁三台山玻璃艺术馆
- ◎ 苏州中心广场
- ◎ 南京青奥建筑群
- ◎ 第九届江苏省园艺博览会园博园工程 B 馆
- ◎ 第十届江苏园艺博览会主展馆
- ◎ 南京愚园（胡家花园）
- ◎ 中衡设计大楼
- ◎ 华能苏州燃机热电厂
- ◎ 南京三宝科技集团物联网工程中心
- ◎ 南京鼓楼医院
- ◎ 南京禄口机场
- ◎ 苏州工业园区体育中心
- ◎ 苏州吴江盛泽幼儿园
- ◎ 苏州中银大厦
- ◎ 南京外国语方山分校
- ◎ 江苏城乡职业技术学院
- ◎ 江阴临港新城展示馆
- ◎ 中国东海水晶博物馆

O F T H E T I M E S

03

建 筑 ， 记 录 时 代 进 步

高质量发展新时代

（党的十八大以来）

□ 高质量发展新时代

悠悠岁月，满满荣光。2012 年年末，江苏人均地区生产总值突破 1 万美元，城镇化水平突破 60%，进入了城镇化后期转型发展阶段。一方面，随着内外部环境和条件的深刻变化，江苏城乡建设进入了以提升质量为主的转型发展新阶段，城镇化中后期巨大的建设量仍为建筑繁荣发展提供了极其可贵的历史机遇；另一方面，社会各界对提升城市空间品质有了更高的期盼，城乡特色风貌塑造、文化传承发展、生态环境保护等诉求更受关注和重视，对全省城乡建设提出了更高的发展要求。正因如此，江苏比其他地区更早地开启了城乡建设模式的转型，也更早地开始关注和启动城乡空间功能品质提升行动。近年来，江苏围绕城乡风貌品质与文化特色开展了多元化探索：开展形成“江苏传统建筑解析与传承”“城市空间和地域特色塑造规划设计指引”等丰厚研究成果；发布了《城市化转型期江苏城乡空间品质提升和文化追求——江苏共识》行业共识，提出“创造时代建筑精品”；启动了“紫金奖建筑及环境设计大赛”“建筑文化大讲堂”等推动行业人才、建筑精品以及鼓励行业创新创优多元化平台和政策机制的丰富实践，在适应城乡巨变的同时致力于推动丰富多彩、与时俱进的建筑设计和建筑文化繁荣发展，在全省乃至全国都获得了良好反响和认可。

进入新时代，高质量发展成为江苏大地上的激昂音符。2017 年 12 月 12 日，习近平总书记在江苏视察时指出，“为全国发展探路，是中央对江苏的一贯要求”。按照总书记要求和中央经济工作会议部署，紧扣社会主要矛盾变化，江苏省委十三届三次全会提出经济发展、改革开放、城乡建设、文化建设、生态环境、人民生活“六个高质量”的发展要求，明确了江苏高质量发展要走在全国前列的目标定位，把推动高质量发展作为当前和今后一个时期的根本要求。繁荣建筑创作，塑造建筑精品，推广建筑文化，既是江苏落实中央一贯要求的不懈探索，也是深入推进城乡建设、文化建设等方面高质量发展的重要内容。

新时代、新征程、新作为。贯彻落实新时代建筑方针，建设高品质建筑，既是城乡建设高质量发展的重要内容，也是当代城乡建设者的历史使命和职责担当。时代赋予的一系列新使命、新机遇，要求江苏要以一流设计引领一流建设，以高品质建筑更好地演绎和发展城市的生机活力，更好地诠释和彰显城市文化品格，更好地绘就绿色发展的美丽画卷，更好地满足人民对美好生活的向往，续写出属于新时代的壮丽篇章！

□ 建筑更具文化自信

“建筑是有生命的，它虽然是凝固的，可在它上面蕴含着人文思想”。江苏是中华文明的发祥地之一，拥有悠久的历史和灿烂的文化。今天的江苏，至今保有大量优秀的历史建筑遗存和名人名作，是历史文化名城最多的省份。在这样深厚的文化本底上进行设计与建设，需要有更深的文化理解和更高的文化追求。如南京博物院二期改扩建项目秉持“补白、整合、新构”的设计理念，将新馆创作视为“南博”历史传统的延续。建成后的新馆建筑风貌质朴、庄重与典雅，与“老大殿”相得益彰，成为新时代博物馆建筑的经典之作。又如苏州火车站项目结合古城风貌，以菱形体为基本元素，形成了富有地方特色的屋顶——菱形空间网架体系，既延续古城的城市肌理，又展现了“苏而新”的建筑风格。

面对大有可为的历史机遇期，一批建筑发展根植于江苏的人文沃土，牢固树立精品意识，全面提升设计水平，以高度的文化自觉设计建造符合社会需求、具有地域特色、体现时代精神的建筑精品，既推动了城乡空间品质与风貌提升，实现了“主要建筑物要体现城市精神、展现城市特色、提升城市魅力”，又成了讲述“中国故事”“江苏故事”新名片。

随着一批批建筑设计师的深入与实践、积淀与反思，江苏本土建筑更注重追求原创，更注重建筑文化的创造性转换与创新性发展，新的理论、新的理念、新的技术不断萌发。文化自觉引领的建筑实践创新，正成为新时代建筑师引领者们的务实行动。

□ 建筑引领绿色发展

绿色是新时代的发展强音，绿色生活方式是未来美好生活的愿景。建筑的绿色本质是建筑在全生命周期里对人类、对自然、对社会的责任。2015 年 12 月召开的中央城市工作会议，明确了“适用、经济、绿色、美观”的建筑方针。新的建筑方针增加了“绿色”，更加强调建筑的节约集约、绿色生态、环保健康发展。国家关于绿色发展的一系列要求，成为推动城乡建设发展模式转型升级的战略指引。

江苏是全国经济社会的先发地区，也是人口、资源和环境压力最大的省份之一。同时，江苏也是建筑业大省，建筑业总产值超过 3 万亿元，约占全国总量的 15%；每年新增建筑约 1.5 亿平方米，约占全国的 10%。江苏一直高度重视建筑节能和绿色建筑发展，2008 年起在全国率先强制推进建筑节能，2015 年 7 月制定施行《江苏省绿色建筑发展条例》，率先立法全面推进绿色建筑，实现所有新建建筑按一星级以上绿色建筑标准设计建造，相关工作一直走在全国前列。经过持续的探索实践，江苏形成了从建筑节能、可再生能源建筑应用、绿色建筑、节约型城乡建设到绿色生态城区实践，从试点示范到全面推进，从行业领域的探索到城市范围的拓展和区域的集成，绿色发展实践渐次深入。

进入新的发展阶段，江苏通过强化顶层设计、完善相关标准、创新引导方式、加强载体建设等举措，持续促进绿色建筑向高品质、深层次发展。如武进影艺宫项目将绿色生态的理念融入到建筑设计、施工、运营管理的全过程，实现了立体绿化、光伏系统、光热系统、外遮阳、光导管系统、雨水回用系统等多项绿色技术的集成应用，成为能源利用效率高、资源消耗小的绿色生态建筑，完美地将建筑融入当地的环境人文和生活中去。

□ 建筑更富人文关怀

“建筑的实质是空间，空间的本质是为人服务”。建筑作为促进人们身心健康的重要载体和场所，其本质是为人使用而设计的。随着我国社会主要矛盾的变化，坚持“以人民为中心”“满足人民日益增长的美好生活需要”，回归人的需求和建筑的功能，成为建筑发展最重要的时代使命和职责担当。

面对新形势和新要求，一批建筑设计更强调为建筑使用者提供更加健康的环境、设施和服务，促进建筑使用者身心健康、实现健康性能提升，不仅为百姓健康提供了更高品质的载体和场所，也推动健康生活和消费方式的形成，更好地满足人民群众多样化、个性化和不断升级的需求。如新落成的南京鼓楼医院南扩工程，为适应区域人口的快速上升以及社会对医疗服务需求的快速增加，从“人的尺度”出发，使大规模的单体建筑服从人的小尺度，既实现了医疗空间的高效集约，又实现对人、患者进行无微不至的跟踪照料。建成后的鼓楼医院位列由市民投票产生的南京十大标志建筑之首，获得了市民的高度认同。有市民表示，“除了时尚的外表、现代的空间以外，更重要的是它功能很好用”。又如苏州湾实验小学项目采用教学综合体模式，既保证了内部空间的使用效率，又提供了最大的户外空间。同时，以彩色的台阶、通透的采光屋顶、充满童趣的内墙共同组成可供小朋友感知、感悟的建筑空间。

□ 建筑追求更高品质

新时代、新形势、新建筑方针，决定了新时代建设必须高质量、高品质。以设计为源头，新时代建筑发展鼓励从提高建筑设计水平到适宜新技术应用、建造方式和组织方式创新、地域建筑风貌特色彰显，以及建成后的绿色运维等方面进行综合集成和体现，实现以一流的设计引领一流的建设，通过高水平设计、高品质建造、高效率工程组织管理“三位一体”的转型发展，全面推动建筑品质提升，持续推动无愧于时代的建筑精品建设。2017年落成的苏州中心广场项目设计以“流”为设计主题，致力打造出一座流动着的“微城市”，成为国内首批“站城一体”的超大型城市共生体。项目与邻近的东方之门组成一个整体，形成了独特的、极富美感与节奏的城市天际线和极富震撼力与吸引力的整体效果。同时，项目建设实现了诸多绿色技术的集成运用，所有建筑单体兼具中国绿色建筑星级标识及美国LEED 双重认证；坐落在长江之滨的江苏大剧院，则以“多样性、国际性、文化性、人民性”为设计理念，打造成为集演艺、展示、娱乐等功能为一体的大型文化综艺体，成为中国最大的现代化大剧院、亚洲最大的剧院综合体。其“水韵江苏”和“汇流成川”设计理念，总体“荷叶水滴”的建筑造型，让社会各界感叹“建筑也是一种艺术，建筑的感染力穿越历史，百年不衰”。大剧院作为新时代江苏又一地标性建筑，不仅是城市国际文化交流的新载体，也是满足人民群众日益增长的精神文化需求的新家园。

南京博物院

补白、整合、新构

设计单位 / 主要设计人
Design Institution / Main Designer

杭州中联筑境建筑设计有限公司 / 程泰宁、王幼芬、王大鹏
江苏省建筑设计研究院有限公司 / 周红雷、蔡　蕾、王晓斌

建设地点 Location　南京
设计类型 Design Type　文化建筑
建成时间 Built Time　2013 年
获奖情况 Awards
2015 年 江苏省城乡建设系统优秀勘察设计奖一等奖
2016 年 中国建筑学会建筑创作奖（公共建筑类）银奖
2017 年 全国优秀工程勘察设计行业奖建筑工程一等奖
2019 年 中国建筑学会建筑创作大奖（2009–2019）

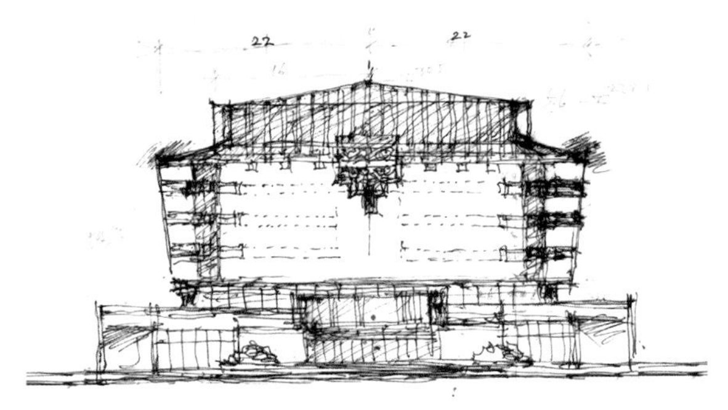

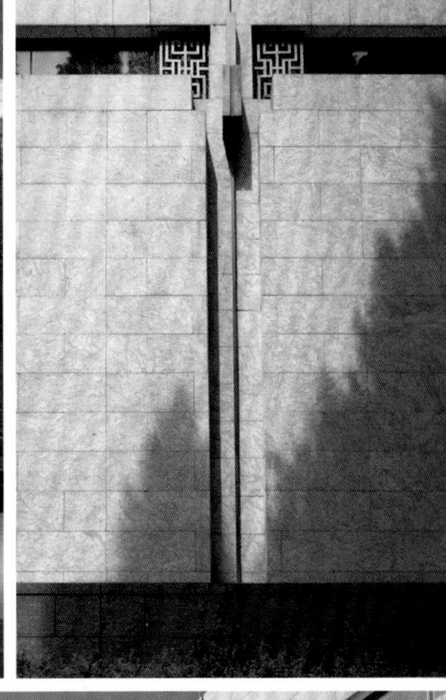

南京博物院是中国三大博物馆之一，也是中国最早创建的博物馆。原建筑主展馆（俗称“老大殿”）。1935 年开工，由徐敬直、李惠伯设计，梁思成、刘敦桢二人担任顾问，至 1952 年才建成使用。2004 年，南京博物院二期改扩建工程启动，由程泰宁院士主持设计。二期改扩建项目秉持“补白、整合、新构”的设计理念，将新馆创作视为“南博”历史传统的延续。

原有的“老大殿”经严密测算后，原地抬升 3 米，在不影响建筑与紫金山山体轮廓线的同时，改善了原建筑低于城市道路的不利现状，同时减少了地下空间大面积的填挖土方，为地上与地下空间流线的综合组织创造了有利条件。新馆建筑立面造型经由统一设计，选取灰白基调夹杂暗红色点线的石材挂面，并在石材表面作古典面处理，使建筑整体气质粗犷而内敛，温润又有厚重感。室内外还选用了紫铜板装修，铜板的质朴、庄重与典雅既与整体的设计气质相吻合，也与“老大殿”的琉璃瓦屋顶相得益彰，成为当代博物馆建筑的经典之作。

“补白”是对不同时期的建筑和场地环境进行分析梳理，将新扩建的建筑恰如其分地布置在合适的位置，使得新老建筑与场地环境相和谐。“整合”，分别通过对新老建筑功能布局、交通流线体系、内外部空间、建筑形式与材料以及功能等方面进行整合。在“补白”与“整合”的基础上，设计重点通过对中轴空间、建筑形式、环境景观的整体塑造达到“新构”的目的。

——项目主要设计人　程泰宁

南京博物院“一院六馆”的格局充分体现了与时俱进的特点，并且与建筑设计之初提出的“尊重历史、传承文化底蕴；力争创新、彰显时代特点”的原则也基本吻合。80 年或长或短，对于一个人来说足够长了，对于一个博物馆来说正当其时，对于一个民族和国家的历史来说可谓弹指一瞬，80 年前的仿辽式大殿依托紫金山为天际线依旧屹立着，并已成为南京乃至江苏几代人记忆的延续。

——《建筑学报》2015 年第 9 期

中华慈善博物馆

老厂房的当代新生

设计单位 / 主要设计人
Design Institution / Main Designer

华南理工大学建筑设计研究院有限公司 / 何镜堂、郭卫宏、何小欣、黄翰星

建设地点 Location 南通

设计类型 Design Type 文化建筑

建成时间 Built Time 2012 年

获奖情况 Awards 2018 年 江苏省城乡建设系统优秀勘察设计奖二等奖

中华慈善博物馆选址于近代实业家、政治家、教育家张謇先生创办的大生纱厂旧址。博物馆设计把尊重历史、激活老厂房作为目标，引入全新的表现形式、功能配置、审美标准以及施工技术等，期冀激活历史，赋予老厂房新生。项目总体布局以老厂房为主角，新建建筑呈围合式的空间布局；同时结合莲心堂、序厅、回廊、思善亭等节点空间元素，建立启、承、转、合的空间序列，为观众提供回归净土般的寻善之旅，这同时也符合大众对于当代慈善——“低调内敛、举重若轻”的认知。

改扩建的博物馆及主入口广场的设计真正激活了大生纱厂，重新赋予了老厂房以新的使命，同时让周边的城市环境和氛围得到了很好的提升与改善。

——《设计时报》2019 年 8 月 2 日

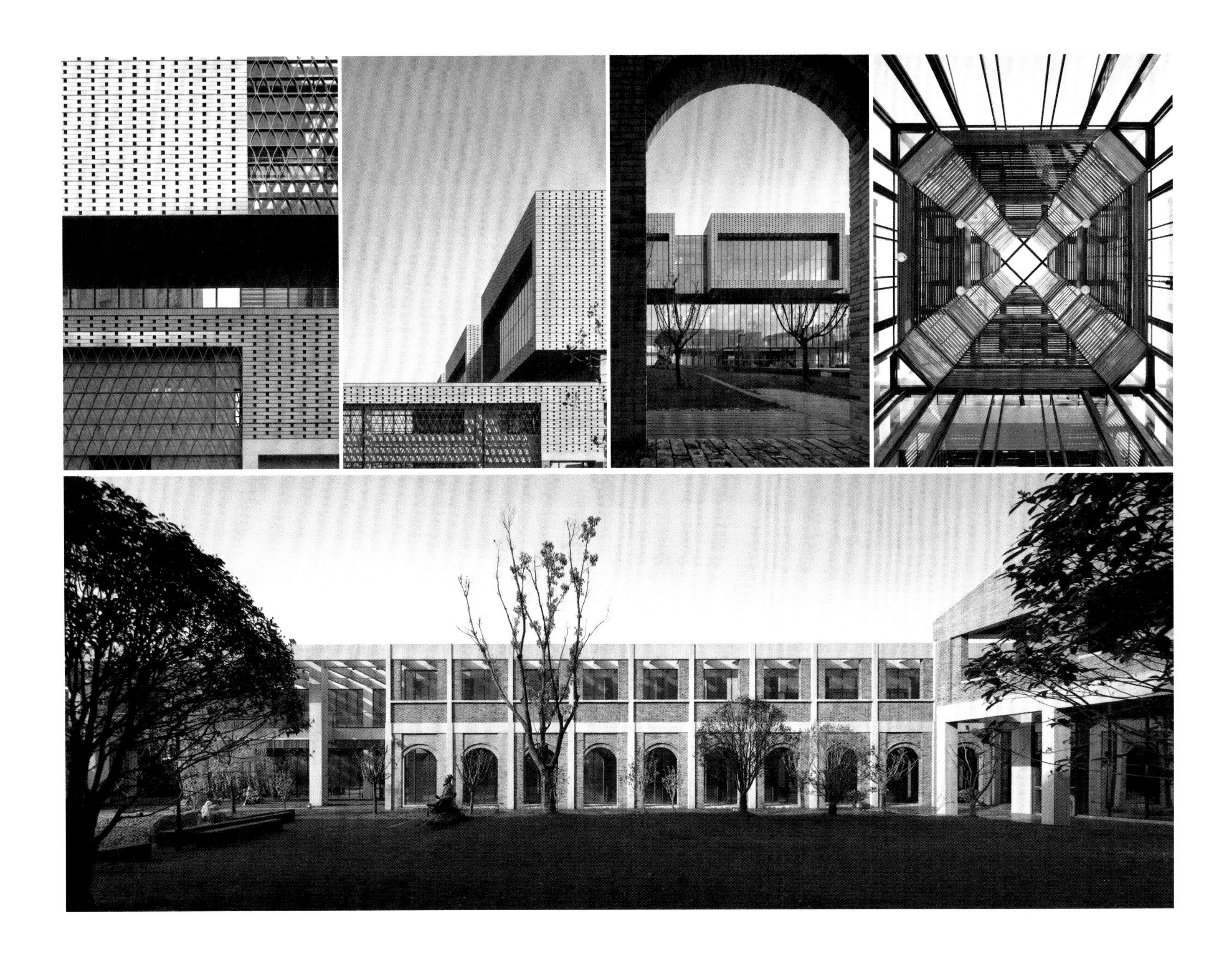

昆山市文化艺术中心

昆曲神韵的在地性演绎

设计单位 / 主要设计人
Design Institution / Main Designer

中国建筑设计研究院 / 崔　恺、李　斌、何咏梅

建设地点 苏州
Location

设计类型 文化建筑
Design Type

建成时间 2012 年
Built Time

获奖情况 2015 年 中国建设工程鲁班奖
Awards

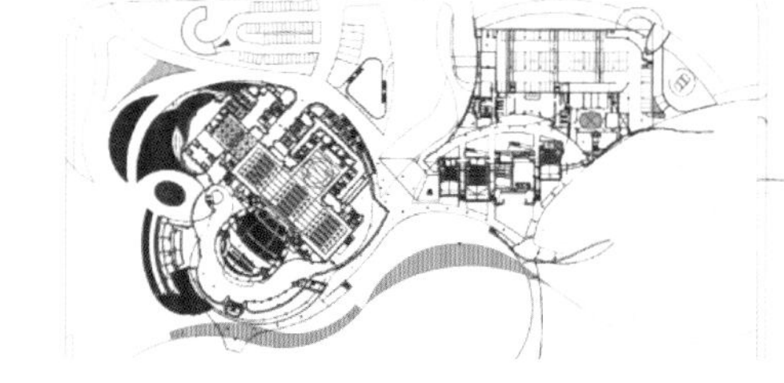

昆山市文化艺术中心是集文化交流、会议、展览、休闲、娱乐等多功能为一体的综合性文化建筑。建筑的形态取自于代表昆山文化的昆曲和并蒂莲，建筑平面从一个中心逐渐旋转发散，引出一簇花瓣，走向似是昆曲表演中轻摇手臂翩翩舞动的长袖，花瓣恰似盛开的莲花。在立面设计中以错落的平台和楼板为本，以流线型为基础，以白色为主色调，使得建筑凹凸有致，风格简洁明快。建筑宛如风行水上，酣畅灵动，反映出灵秀江南的传统建筑特点和昆曲水袖的神韵。

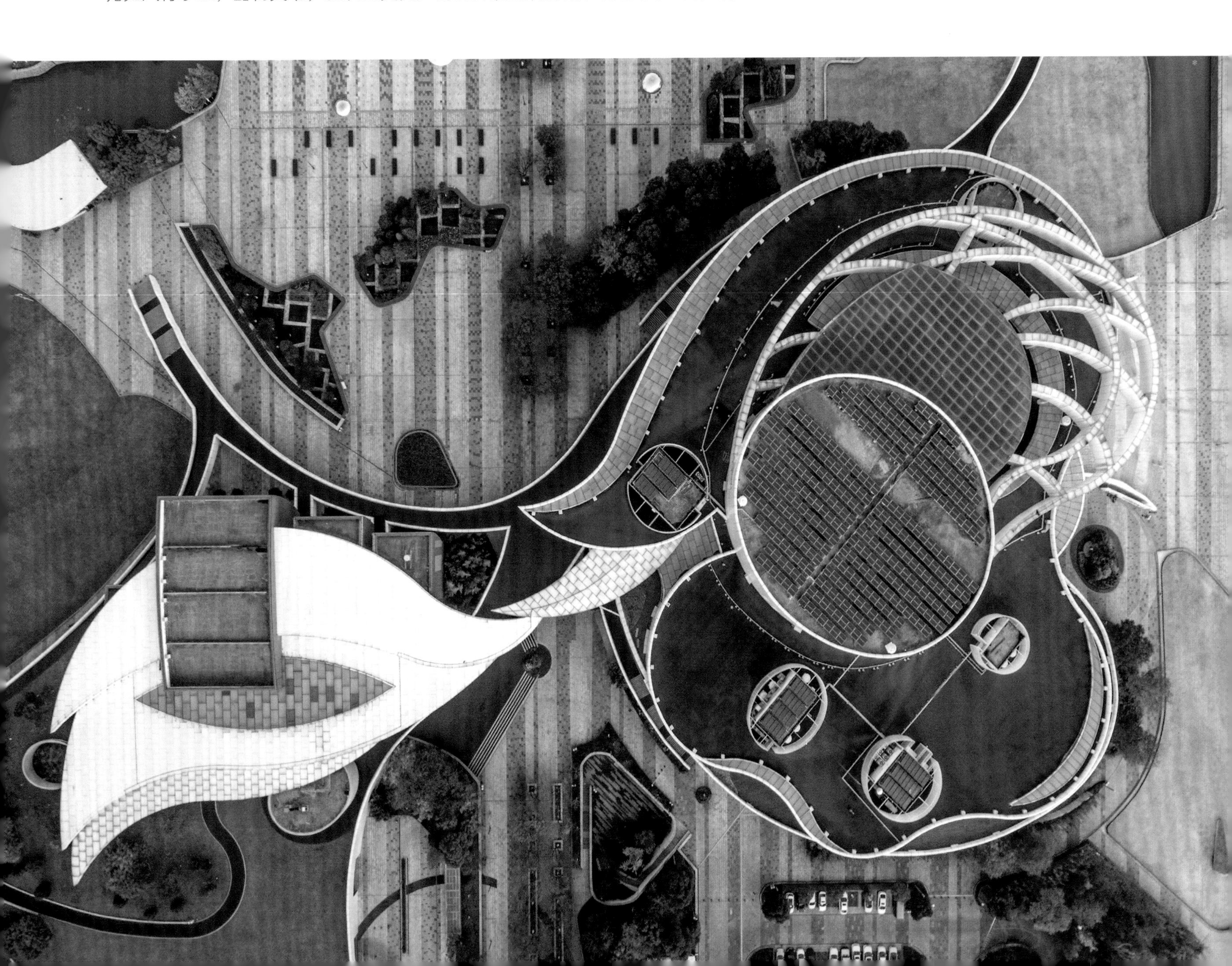

一个地方的文化一定有某种内在而共通的关联性，基于地方文化的建筑创作就是努力找出这种共通的关联性，并用建筑语言表达出来。昆曲无疑是昆山文化中最具代表性的艺术形式，综合反映着这个美丽江南县城的人文与自然特征。选择昆曲的艺术特征作为创作的灵感来源，反映了建筑师基于地方文化的创作态度与责任。问题的难度在于如何实现这两种完全不同的艺术表现形式之间的转移与切换，这既考验着建筑师对相关艺术类型的理解的智慧，又考验着建筑师对自我专业特征表现的技巧。

——江苏省设计大师　张应鹏

苏州火车站

功能性 · 系统性 · 先进性 · 文化性 · 经济性

设计单位 / 主要设计人
Design Institution / Main Designer

中国建筑设计研究院 / 崔　恺、王　群、李维纳、王　喆

建设地点 苏州
Location

设计类型 交通建筑
Design Type

建成时间 2013 年
Built Time

获奖情况 2018 年 中国建筑学会建筑设计奖建筑创作金奖
Awards

苏州火车站是一座集铁路、城市轨道、城市道路交通换乘功能于一体的大型交通枢纽。主体站房采用高架站房形式，由南、北站房与候车厅组成，地上 2 层、地下 1 层，南北各设入口，旅客流向上进下出，即高架层进站、地下层出站。设计充分体现“以人为本，以流为主”的理念及“功能性、系统性、先进性、文化性、经济性”原则，结合苏州古城风貌，以菱形体为基本元素，形成富有地方特色的屋顶——菱形空间网架体系。

菱形屋面与结构融为一体，大体量的屋顶被分解成高低起伏、纵横交错的屋面肌理和大小各异的采光天井，既有效解决了候车大厅、站台的采光通风问题，又把大空间、大体量现代化交通建筑通过化整为零的手法融入了古城的城市尺度，延续了古城的城市肌理，展现出“苏而新”的建筑风格。建筑色调以灰、白、栗色为主，站房外墙采用栗色的金属格栅幕墙，两组菱形灯笼柱撑起大跨度屋架；入口处屋面出檐深远，半室外的集散空间结合下沉广场、绿地园林，把建筑和自然景观相融合；两侧围绕多个内庭院组织了功能用房，既突显现代建筑的恢宏气势，又给人以古朴静谧之感。

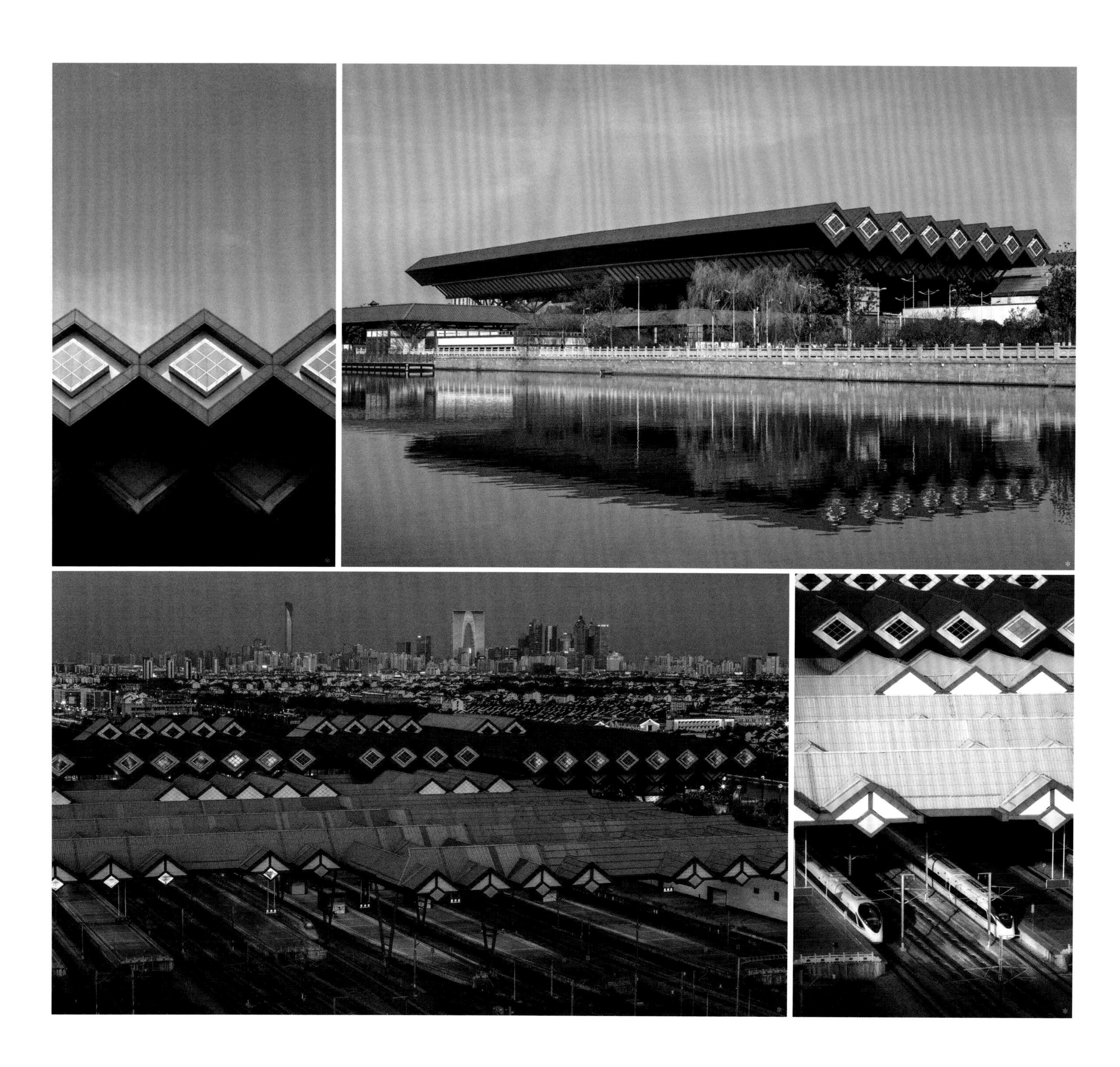

苏州火车站的设计自始至终坚持了“以人为本，以流为主”的理念。在设计中对于现代化、大空间的交通建筑在城市尺度、建筑体量方面如何融入到古城苏州的城市环境中，如何延续城市肌理和文脉等问题进行了系统研究和思考。

——《建筑学报》2009 年第 04 期

金陵大报恩寺遗址公园

跨越历史与当代　联结城市与建筑

设计单位 / 主要设计人
Design Institution / Main Designer

东南大学建筑学院 / 韩冬青、陈　薇、王建国、马晓东、孟　媛

建设地点 Location　南京

设计类型 Design Type　文化建筑

建成时间 Built Time　2015 年

获奖情况 Awards
2019 年 教育部优秀勘察设计一等奖
2019 年 中国勘察 设计协会“优秀（公共）建筑设计”一等奖
2019 年 香港建筑师学会两岸四地建筑设计论坛及大奖“金奖”

金陵大报恩寺遗址公园位于南京市秦淮区中华门外，是中国规格最高、规模最大、保存最完整的寺庙遗址，遗址公园中保护性展示了大报恩寺遗址中的千年地宫和珍贵画廊，以及从地宫中出土的石函、铁函、七宝阿育王塔、金棺银椁等世界级国宝。

项目由“报恩新塔”(古塔塔基及地宫遗址保护建筑)、主展馆、碑亭、室外遗址保护和展示及相关配套服务设施等组成。项目设计秉持“跨越历史与当代、联结城市与建筑”的理念，实现了多方面的传承与创新：在空间维度上，严格保护遗址本体，以立体的空间组织呈现寺庙遗址的多层次历史信息，及其与城池山川的格局关系；在时间维度上，以结构创新、材料创新等技术手段创造具有历史文化意韵的场所特质。该项目为如何平衡严格的遗址保护与当代城市的活力塑造提供了一种新策略，创建了以建筑空间统筹和再现历史遗产大格局的新模式，形成了以遗址保护和展陈为核心线索的城市文化场所的系统设计方法，探索了以现代技术和材料诠释历史文化意韵的新路径。

我们做历史文化保护项目，要在历史跟现代、保护跟利用上取得很好的平衡，大报恩寺项目的成果实属不易。该设计将周边城市环境纳入规划，具有整体性。遗址空间与新的建筑空间的结合颇有创意。新塔保护建筑没有简单复原，而是创新的用现代技术手段营造历史文化意韵，对未来的遗址保护工程是一个启示、一种突破。

——中国工程院院士、全国工程勘察设计大师 程泰宁

牛首山文化旅游区

牛首烟岚　灵秀婉约

设计单位 / 主要设计人
Design Institution / Main Designer

东南大学建筑设计研究院 /
王建国、朱　渊、姚昕悦、吴云鹏
华东建筑设计研究院有限公司 / 黄秋平、李　威

建设地点 Location　南京

设计类型 Design Type　文化建筑

建成时间 Built Time　2015 年

获奖情况 Awards
2017 年 WA 世界建筑奖—城市贡献佳作奖
2017 年 全国优秀工程勘察设计行业奖一等奖
2017 年 江苏省工程勘察设计行业奖建筑工程一等奖
2018 年 江苏省第十八届优秀工程设计一等奖

牛首山又名天阙山，是金陵四大名胜之一。近年，世界佛教界至高圣物——释迦牟尼佛顶骨舍利于南京盛世重光，经宗教界、文化界、文物界研究同意，南京市决定启动牛首山文化旅游区建设。牛首山文化旅游区游客中心设计根据场地地形标高的变化，采用了两组在平面上和体型上连续折叠的建筑体量布局，高低错落、虚实相间。起伏的屋面和深灰色钛锌板的使用，是对山形和呼应和江南灵秀婉约建筑气质的演绎，也隐含了“牛首烟岚”的意境。设计总体抽象撷取简约唐风，在游客的路线设计上融入禅宗文化要素，回应了社会各界和公众心目中所预期的集体记忆。

佛顶宫位于牛首山西峰，是在山顶废弃矿坑基础上打造的文化建筑，分为大、小穹顶两个部分。大小穹顶上下结合形成“莲花托珍宝”的佛教文化意象。不同层次的场所设计兼顾了参禅人流的礼仪性空间和市民休闲的亲和性空间，建筑、景观的一体化设计使整个场地具有整 体秩序和可识别感。

牛首勝景
牛首勝景

场所精神表达了场所独特的气质，不仅具有建筑实体的形式，还具有重要的精神意义。牛首山文化结合牛首山场地之灵气，充分尊重场地原有的场所精神，辅以现代设计理念，创造出一种良好的公共空间环境，丰富的活动与体验空间，场地共生，在空间中升华。人与自然、人与历史、人与文化建立起联系。

——《城乡建设》2014.01

江苏大剧院

多样性 · 国际性 · 文化性 · 人民性

设计单位 / 主要设计人
Design Institution / Main Designer

华东建筑设计研究总院 / 崔中芳、田 园、穆 清、何志鹏

建设地点 Location　南京

设计类型 Design Type　文化建筑

建成时间 Built Time　2018 年

获奖情况 Awards　2019 年 中国建设工程鲁班奖
2019 年 上海市优秀工程勘察设计项目（公共建筑）一等奖

江苏大剧院项目是一个集演艺、展示、娱乐等功能为一体的大型文化综艺体，包括 2136 座歌剧厅、1002 座戏剧厅、1486 座音乐厅和 2700 座的大综艺厅，还有 757 座的小综艺厅，是国际文化交流的重要殿堂，是中国最大的现代化大剧院、亚洲最大的剧院综合体。大剧院设计理念来源于“水韵江苏”和“汇流成川”的地域特色，总体呈“荷叶水滴”造型，4 颗“水滴”于顶部向中心倾斜，在建筑屋面呈现出花瓣状的肌理，营造出如同“荷叶”上滚动“水滴”的效果，以此表达“水韵江苏”意象。4 颗水滴分别为江苏大剧院的 4 个功能区，包括歌剧厅、戏剧厅、音乐厅、综艺厅等。从空中俯瞰，“4 颗水滴”宛如漂浮在生态绿野之上的水珠，既涵含水韵江南的文化意蕴，又彰显汇流成川的包容胸怀。

建筑也是一种艺术，建筑的感染力穿越历史，百年不衰。而坐落在长江之滨的南京河西新城核心地区的江苏大剧院不仅仅是一个集演艺、会议、展示、娱乐等功能为一体的大型文化综合体，其建筑本身也在情感和精神上带给人们一种享受和安慰。

——《中国建设信息》2014 年 2 月

无锡大剧院

绿色设计前沿 · 文化艺术殿堂

设计单位 / 主要设计人
Design Institution / Main Designer

（芬兰）PES 建筑事务所 / 佩卡 · 萨米宁
上海建筑设计院

建设地点 Location　无锡

设计类型 Design Type　文化建筑

建成时间 Built Time　2012 年

获奖情况 Awards　2011 年 第十届中国钢结构金奖
2012 年 中国竹材装饰装修突出贡献奖

无锡大剧院坐落在太湖湖畔，其设计灵感来源于中国最大的竹林——宜兴竹海风景区。建筑设计对环境和生态的关注及对能源的有效利用策略，都体现在了整体设计之中：象征着“树叶”或是“翅膀”的屋顶形态，暗示着“绿色的思考”；设计师充分利用了树叶这个形象化的建筑符号，再加以抽象化，既美观又处处体现环保。此外，一个具有强烈中国特色的特性贯穿于整个建筑：大剧院室内装修在世界建筑工程范围内首开大型公共建筑大量使用现代竹材的先河，为全球环保低碳竹材的大型建筑室内装饰应用起到了表率作用，也为大型剧院室内装饰工程提供了新功能、新形式结合的探索范本。

无锡大剧院在设计建设过程中，引进欧洲最新的设计理念与科学技术，从里到外，每个区域都无懈可击。

——《建筑知识》2013 年 01 期

宿迁三台山玻璃艺术馆

旧厂房的再生与重现

设计单位 / 主要设计人
Design Institution / Main Designer

华南理工大学建筑设计研究院有限公司 / 何镜堂、郭卫宏、马明华

建设地点 宿迁
Location

设计类型 文化建筑
Design Type

建成时间 2018 年
Built Time

获奖情况 2019 年 第九届广东省建筑设计奖（方案）一等奖
Awards

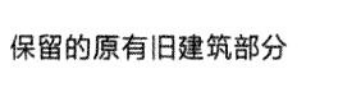

保留的原有旧建筑部分

新旧结合的整体建筑

宿迁三台山玻璃艺术馆的设计从城市语境、场地环境和建筑品质切入，通过改造策略、自然景观和功能策划的综合设计，复活旧址，使玻璃工业与艺术馆共生形成新的体验综合体。玻璃艺术馆除了为人们提供游玩的愉悦，更成为一个唤醒人们尊重大地的警示物，成为公园工业景观的一部分。

设计用“一粒砂的旅程”来作为建筑设计的主线索，空间内容串联成从砂子到形成玻璃的整个过程。设计通过空间场景的复原，演绎石英砂矿如何从地下被采掘，经过各项加工工序，成为细小的砂粒进入玻璃生产流程，最终变成生活中丰富多彩的玻璃制品，使作为历史的工厂和矿址生产空间得到重生和升华。

建筑改造策略以旧建筑为基础，贯彻“轻度介入，弱设计”的概念，不改变工厂基本的空间形态，保留整条砂矿生产流线以及相关的工厂空间和设备，恰如其分地加入建筑以适应新功能，形成新旧对话、新旧融合的形态。新旧建筑组成围合的整体和连续贯通的流线，相互补充和融合。

这是江苏宿迁玻璃制造业的引航者，更是中国玻璃制造业的奠基者——张謇、许鼎霖和黄以霖，三人所创建的耀徐玻璃公司使宿迁成为中国最早的日用玻璃生产基地，也为当时的宿迁市打造“华东玻璃第一城”奠定了基础。

——《速新闻》报道 2019 年 6 月 6 日

宿迁玻璃艺术馆，是中国一家致力于艺术、科学、技术和玻璃历史的公共博物馆。就像任何国家制造的任何材料一样，玻璃需要创新，原创性和独特个性才能转化为艺术。这个开创性的博物馆将记录甚至帮助塑造这个演变过程。

——上海大学美术学院教授　庄小蔚

苏州中心广场

世界级的城市共生体

设计单位 / 主要设计人
Design Institution / Main Designer

（日本）日建设计
（英国）Benoy
中衡设计集团股份有限公司 / 冯正功、张　谨、蒋文蓓、杨昭辉
启迪设计集团股份有限公司 / 宋　峻、陆　勤、杜晓军

建设地点 Location　苏州

设计类型 Design Type　商业建筑

建成时间 Built Time　2017 年

获奖情况 Awards　2018 年 江苏省第十八届优秀工程设计一等奖
2019 年 中国勘察设计协会“优秀（公共）建筑设计”三等奖

苏州中心广场位于苏州 CBD 中轴线最主要的节点，包括高层塔楼七栋、大型商业建筑一座，集商业、办公楼、公寓、酒店等多种业态，为国内首批“站城一体”的超大型城市共生体。项目设计从饱含苏州特征的“水”“风”等环境因素获得灵感，以“流”为设计主题，致力打造出一座流动着的“微城市”。每栋建筑的形态与立面都将秉承现代、简洁、大气的设计理念，坚持以城市整体形态为主，协调建筑单体，统一建筑风格，与邻近的东方之门组成一个整体，形成了独特的、极富美感与节奏的城市天际线和极富震撼力与吸引力的整体效果。

同时，苏州中心广场因其罕见的体量规模而创下了国内建筑的多个“第一”，包括国内规模最大的整体开发城市综合体、规模最大的整体开发地下空间、规模最大的空中生态花园、规模最大的建筑地下交通网络、规模最大的城市综合体集中供冷供热系统等。针对城市综合体高密度开发的特点以及地区气候特征，苏州中心建设实现了诸多绿色技术的集成运用，如采用共同管沟设计、集中供冷供热系统、太阳能光伏发电、中水处理回用以及能源综合管理控制中心等。项目建成后整体达到“国家绿色建筑科技示范工程”及“建筑工程类科技示范工程”标准，所有建筑单体兼具中国绿色建筑星级标识及美国 LEED 双重认证。

苏州中心是有别于传统城市综合体的新形态，坐落在国家5A级金鸡湖景区，毗邻湖西CBD，是兼具“包容性”与“生命力”的城市多功能综合有机体。无论是出于城市新名片的要求，还是出于自身大体量，丰富业态的要求，都对项目整体的造型、生态、交通、景观提出了严格的要求。

——项目设计团队

南京青奥建筑群

跨越未来　时代新地标

设计单位 / 主要设计人
Design Institution / Main Designer

（英国）扎哈·哈迪德建筑事务所
东南大学建筑学院 / 杨冬辉
江苏省建筑设计研究院有限公司 / 刘志军
深圳华森建筑与工程设计顾问有限公司 / 买又群
南京长江都市建筑设计股份有限公司 / 钟　容
南京市建筑设计研究院有限责任公司 / 汪　凯

建设地点 Location　南京

设计类型 Design Type　文化、体育建筑

建成时间 Built Time　2014 年

获奖情况 Awards
2015 年 第九届全国优秀建筑结构设计一等奖
2016 年 江苏省城乡建设系统优秀勘察设计奖二等奖
2017 年 全国优秀工程勘察设计行业奖二等奖

南京青奥中心建筑群是青奥村地区重点项目之一，包括了南京国际青年文化中心、青奥运动员村、青奥广场、青奥博物馆、滨江青奥公园等项目，共同形成青奥轴线的高潮节点和对景空间，把河西青奥轴线上的中央商务区和河边对面的江心洲岛连成一线。其中，南京国际青年文化中心由建筑师扎哈· 哈迪德设计，是青奥轴线以及滨江风光带上重要的景观节点，也是南京城市新中心标志性建筑之一。项目采用极具立体感的流线型设计，灵感源于南京传统提花丝织工艺品云锦。云锦由匠人以金线、银线手工织造而成，这一地标性建筑同样运用流畅的线条设计将文化中心、新中央商务区、滨江公园和江心洲岛逐一串联，将云锦元素运用得淋漓尽致。

许多令人耳目一新，却又耐人寻味的建筑都会伴随世界级的赛会进入民众的视野。当这些赛会落下帷幕，这些建筑不但成为这个城市的象征，同时承载着国人的回忆。2014 年，中国迎来了又一个重量级的国际赛事——青年奥林匹克运动会。一系列各具特色、极富时代气息青奥会建筑项目相继落成，该地区俨然已经成为南京城市的新地标。

——中国勘察设计杂志

如今，南京国际青年文化中心已然成为该区域乃至南京的标志建筑，它动感的线条充满了时代的气息，而它也必将成为中国当代建筑的象征。

——南京市民

第九届江苏省园艺博览会园博园工程 B 馆

水墨江南 · 园林生活

设计单位 / 主要设计人
Design Institution / Main Designer

启迪设计集团股份有限公司 / 董 功、蔡 爽、刘 晨

建设地点 苏州
Location

设计类型 文化建筑
Design Type

建成时间 2015 年
Built Time

获奖情况 2016 年 江苏省第十七届优秀工程设计一等奖
2017 年 全国优秀工程勘察设计行业奖一等奖
Awards

第九届江苏省园博会园博园 B 馆在满足非物质文化遗产展示等功能需求的基础上，用富有地域文化特色的院落、连廊来连接各个功能空间，营造出园林式的空间体验。同时考虑苏州地区的气候条件，在多雨的季节，参观者可通过连廊在院落间走动，院落中被置入有故事性的主体建筑，如被绿荫覆盖的球幕影院，标志性的门厅云雾装置、可眺望园区风景的景观塔以及面对银杏树林的亲水餐厅等。

同时，设计充分尊重自然场地特征，以对自然干扰最小为出发点，利用覆土遮掩住了展厅部分建筑体量，进一步强化了建筑与自然的融合。在覆土之下的非物质文化遗产展厅和江南古典园林展厅提供游人丰富的信息与参观互动体验。三个内庭为展览空间引入自然通风采光，并将游人引向屋顶展览平台。而在覆土之上，形成一个拥有丰富种类植被，并能提供户外表演、就餐、教育体验、亲子互动等功能的公共绿化公园。

B 馆位于苏州市园博会主展区，它是园内唯一展会后保留原用途的建筑。它用于承载飞行影院和非物质文化遗产展厅、苏州园林等功能。它是一个功能比较复杂的公建工程，设计的过程就是一个不断探索、不断改进的过程。

——项目设计团队

第十届江苏园艺博览会主展馆

别开林壑　随物赋形　构筑一体

设计单位 / 主要设计人
Design Institution / Main Designer

东南大学建筑学院 / 王建国、葛　明、徐　静、朱　雷

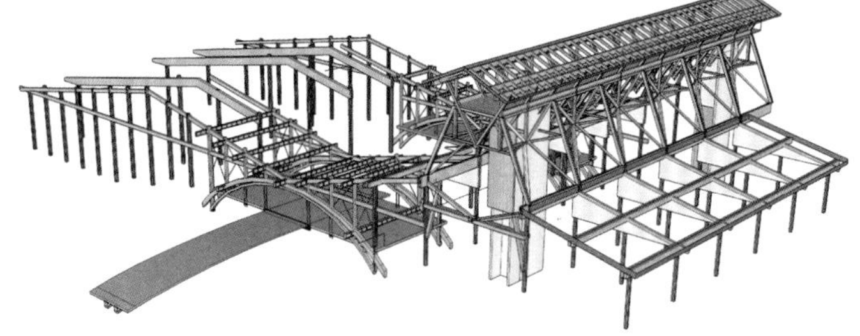

建设地点 Location　扬州

设计类型 Design Type　文化建筑

建成时间 Built Time　2018 年

获奖情况 Awards　2019 年 香港建筑师学会两岸四地建筑设计大奖优异奖

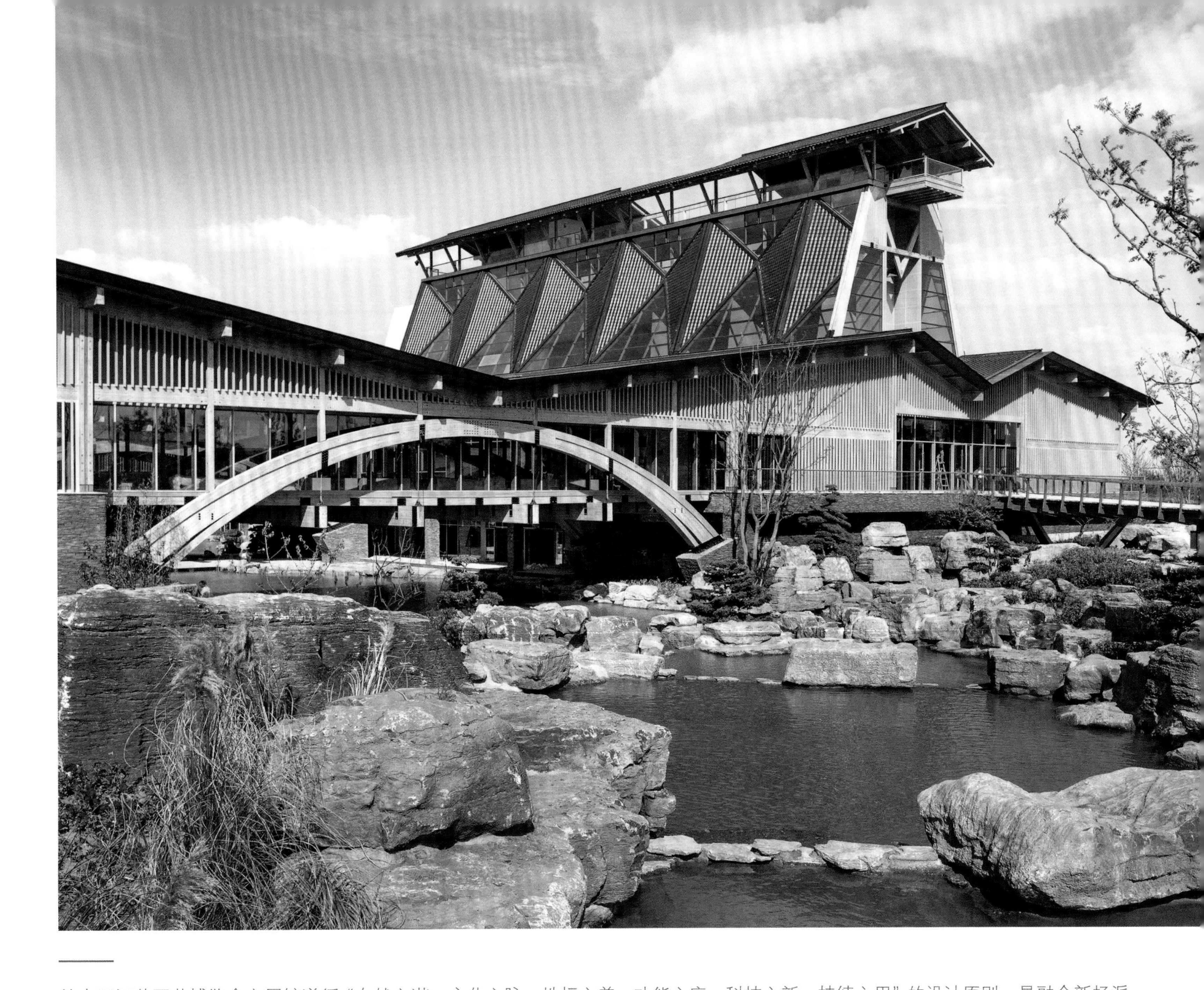

第十届江苏园艺博览会主展馆遵循“自然之谐、文化之脉、地标之美、功能之序、科技之新、持续之用”的设计原则，是融合新扬派地方风格、园艺新体验、现代木结构形式、绿色建筑示范的展馆建筑。主展馆的设计运用了中国传统山水营造与当代“地形建构”的思想，实现了对文化传承的表达和持续利用方式的重新思考，通过“别开林壑”的立意进行布局以引人入胜，通过“随物赋形”的设计策略以表达形意结合，在空间上使建筑展厅从入口的集中空间到北侧转变为三个精致合院，景观随层层跌落的水面依次展开，洄游观展，契合场地南高北低；飞虹拱桥，跨水而设，楼阁房院错落布置，形成了咫尺山林、静水流深、起承转合的文化意象和野趣风景，提供了可游可居的复合使用路径。此外，基于木构建筑一体化设计的“凤凰阁”成为国内目前单一空间层高最大的木结构，既延续了扬州郊邑园林的文化意象，也对绿色建筑设计和可持续发展起到积极示范作用。

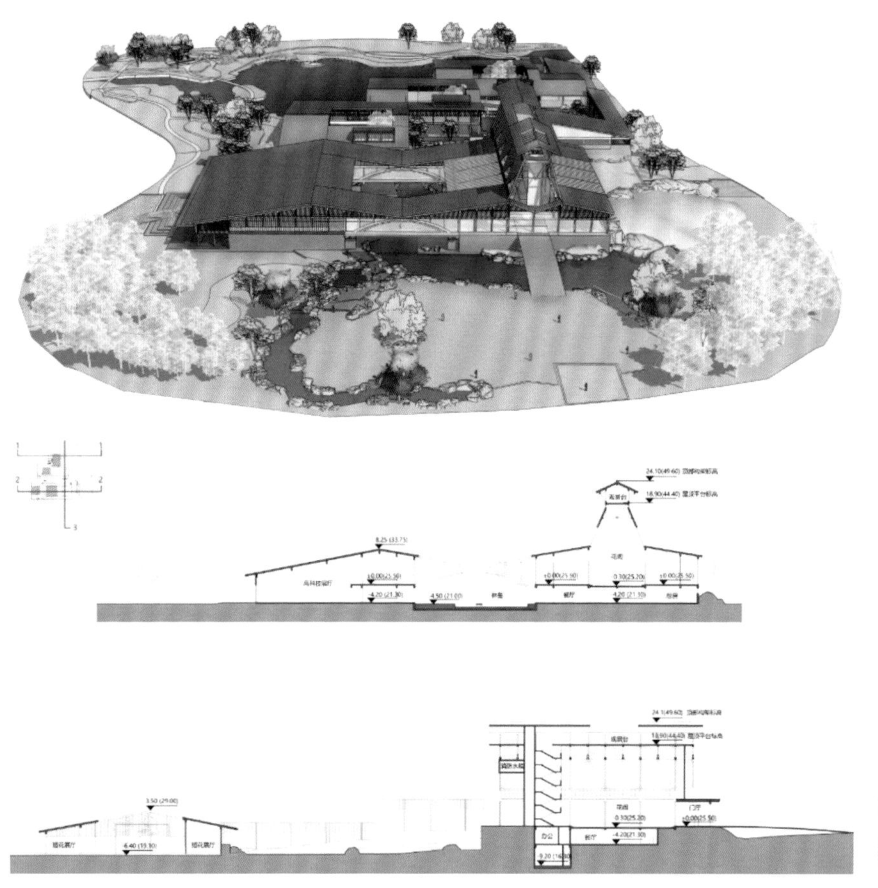
24.10(49.60)
18.90(44.40)
8.25 (33.75)
±0.00(25.50)
0.30(25.20)
-4.20 (21.30)
-4.50 (21.00)
餐厅
3.50 (29.00)
-6.40 (19.10)
门厅
办公
-4.20(21.30)

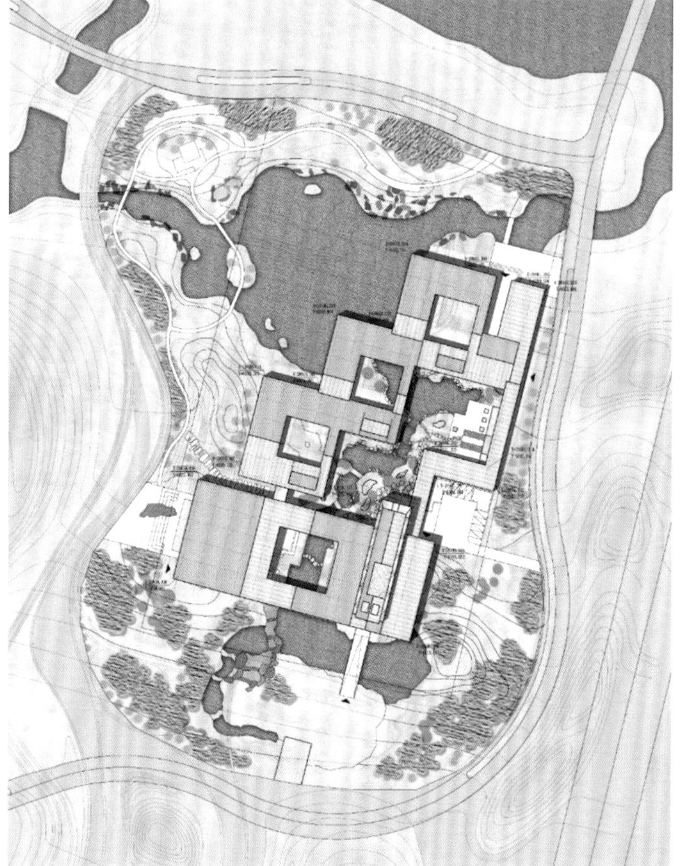

根植于地域性的生物气候条件和特定的山川地貌，建筑遵循生态学的适应与补偿原理，布局取“别开林壑”之意，风格取唐宋之韵，建筑与地形有机结合，广泛应用绿建技术，通过层层叠落、开合有度的林壑景观，营造集现代与古典意蕴相融合的新扬州风格建筑，与园冶形成良好的对景关系，实现了山水格局和地域文化意象的融合表达。

——项目设计团队

南京愚园（胡家花园）

流变与新建

设计单位 / 主要设计人
Design Institution / Main Designer

东南大学建筑设计研究院有限公司 /
陈　薇、王建国、胡　石、高　琛

建设地点 Location　南京

设计类型 Design Type　文化建筑

建成时间 Built Time　2015 年

获奖情况 Awards
2017 年 全国优秀工程勘察设计行业奖二等奖
2018 年 中国建筑学会建筑创作奖银奖
2018 年 江苏省十八届优秀工程设计二等奖

愚园位于南京中华门内西隅，为清晚期南京重要的私家园林，在江南园林中有较大影响。1982 年 9 月，愚园被公布为南京市第一批文物保护单位。作为南京的历史名园，愚园也是秦淮风光带重要的人文景点，对其进行修缮复原有着重要的意义。修缮复原设计以历史文献和实物遗存为依据，充分利用愚园遗存和山水格局，进行对比研究，将愚园保护和复原设计有效结合起来，坚持原材料、原尺寸、原工艺原则，保护文物建筑的建筑风格和特点。

复原后的愚园保留全部历史建筑，恢复湖面规模和形态，保持山丘现有自然状态，主体部分恢复到光绪年间愚园盛期的状态，总占地达 3.45 公顷，总建筑面积 3700 平方米，真实再现《白下愚园集》和《白下愚园游记》中描绘的愚园三十六景。整个园林分为内、外两园：外园以自然山水为主，建筑沿湖以带状、点状布置，数量不多，显得简洁而疏朗；内园实际上是园中园，形成一个布局灵活的建筑群体，给人以咫尺山林，步移景异的感受。外、内两园的建筑以疏密形成了强烈的对比。复原后的愚园已经成为南京最大的古典私家园林，丰富了老城城南的文化生活，展示了南京老城的文化特色。

花了 10 年时间和愚园亲密接触，了解她的历史、变化、生长，并保护着她——不被改变意味、不被失去大势、不被流失生活形态，同时也小心翼翼地改变着她——有了新的功能、新的景点、新的游客、新的法规保障。

——项目设计人　陈薇

中衡设计大楼

城市山林　壶中天地

设计单位 / 主要设计人
Design Institution / Main Designer

中衡设计集团股份有限公司 /
冯正功、高　霖、平家华

建设地点 Location	苏州	**设计类型** Design Type	办公建筑
建成时间 Built Time	2015 年	**获奖情况** Awards	2016 年 中国建筑学会建筑创作奖银奖 2016 年 第十七届江苏省优秀工程设计一等奖 2016 年 江苏省绿色建筑创新项目一等奖 2017 年 全国优秀工程勘察设计行业奖建筑工程一等奖

中衡设计新研发大楼以园林情景和现代建筑空间相融的理念，在尊重区域环境的前提下，通过对体量、形体的巧妙整合，将传统园林通过现代的手法融入建筑的室内外空间；通过“城市空间—园林空间—灰空间—室内空间”的布置形式，让使用者完成由动到静、由内到外的过渡，共同形成丰富而立体的园林空间，创造出延续传统手法的现代园林办公空间，有效地改善了高密度城市中心建筑微环境。同时，该项目为江苏省绿色节能工程示范项目以及 EPC 重点项目，获全国首个“绿色建筑 + 健康建筑”双三星运行标识认证，为现代建筑与人，以及环境的和谐相融发展提供成功范本，取得了良好的社会及经济效益。

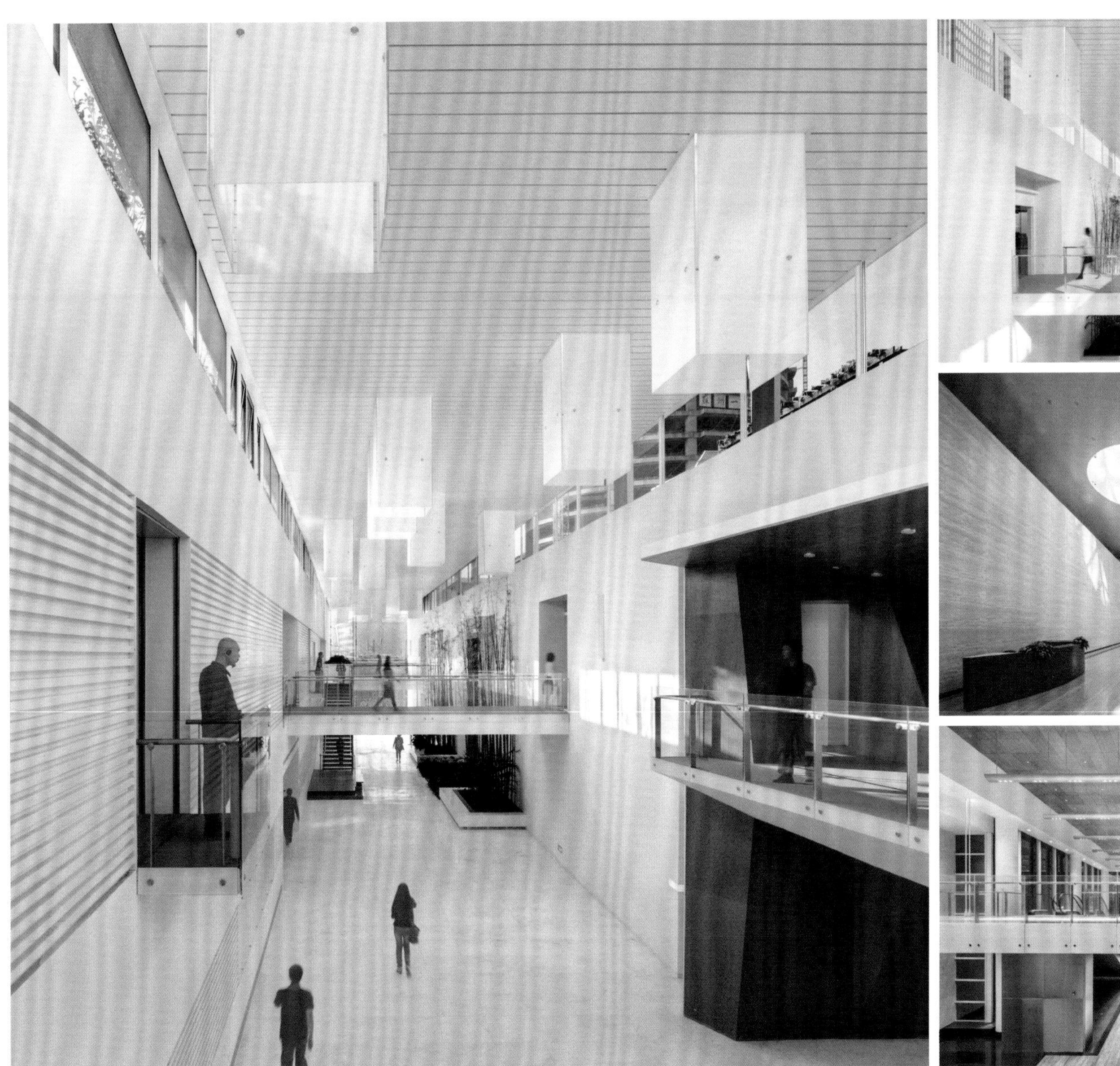

中衡设计企业研发中心用“干净”的现代手法“转意”传统文化，以及细节到位的高完成度值得推广和学习。绿色建筑与智慧建筑设计理念融入整个研发中心设计之中，最大限度的保护环境、节约资源，为使用者提供了舒适安心的环境。

——中国工程院院士、全国工程勘察设计大师　程泰宁

华能苏州燃机热电厂

工业建筑的新空间逻辑

设计单位 / 主要设计人
Design Institution / Main Designer

苏州九城都市建筑设计有限公司 / 张应鹏、王　凡、王苏嘉

建设地点 Location　苏州

设计类型 Design Type　工业建筑

建成时间 Built Time　2017 年

获奖情况 Awards　2018 年 江苏省城乡建设系统优秀工程勘察设计一等奖
2019 年 中国建筑学会建筑创作大奖（2009–2019）

华能苏州燃机热电厂是华能集团在苏州投放的第一座燃气热电厂，位于苏州高新区内。项目设计以从“后工业化”到“后工业文化”的富有人文色彩的设计追求为思路，在满足有关生产工艺的基础上，经过合理的流线组织与布局，实现了日常生产与科普教育相结合、企业文化与社会传播相结合，让生产流程与设备设施转变为工业文化与机器美学的艺术呈现，在保障安全管理与生产的同时，也对公众开放。在厂区空间逻辑组织上，结合设备管廊和各功能空间的生产工艺与流程，设计植入了一条可对外开放的参观走廊，这条半开放式的清水混凝土走廊游离于原本的生产厂房之外（不影响原本的日常生产），又编织在既有的工艺流程中，重新定义了传统发电厂的空间逻辑。项目整体设计既保证了整个厂区建筑风格的统一性，也呈现了工业建筑别样的时尚性与公共性，呈现出发电厂类工业建筑在文化、空间与形式的新演绎。

华能苏州燃机热电厂是华能集团在苏州投放的第一座燃气热电厂，为了完成在原有的生产工艺的前提下探索作为发电厂类工业建筑在文化、空间与形式上的新的可能性。

——项目设计人　张应鹏

南京三宝科技集团物联网工程中心

场所空间肌理织补、提升

设计单位 / 主要设计人
Design Institution / Main Designer

东南大学建筑学院、东南大学建筑设计研究院有限公司 / 张　彤、殷伟韬、耿　涛、陆　昊

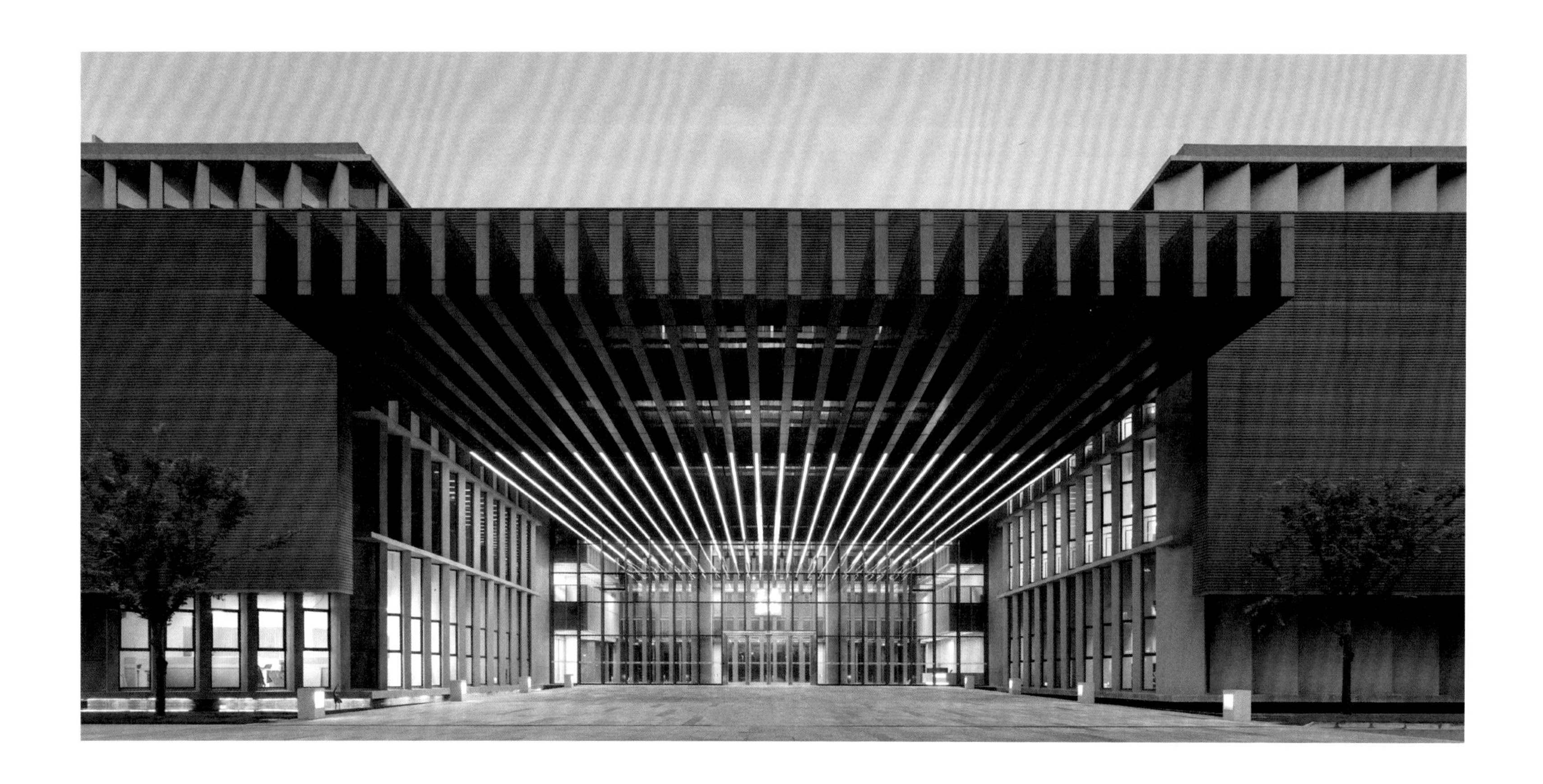

建设地点 Location　南京

设计类型 Design Type　办公建筑

建成时间 Built Time　2013 年

获奖情况 Awards　2015 年 全国优秀工程勘察设计行业奖建筑工程一等奖
2015 年 教育部优秀勘察设计一等奖

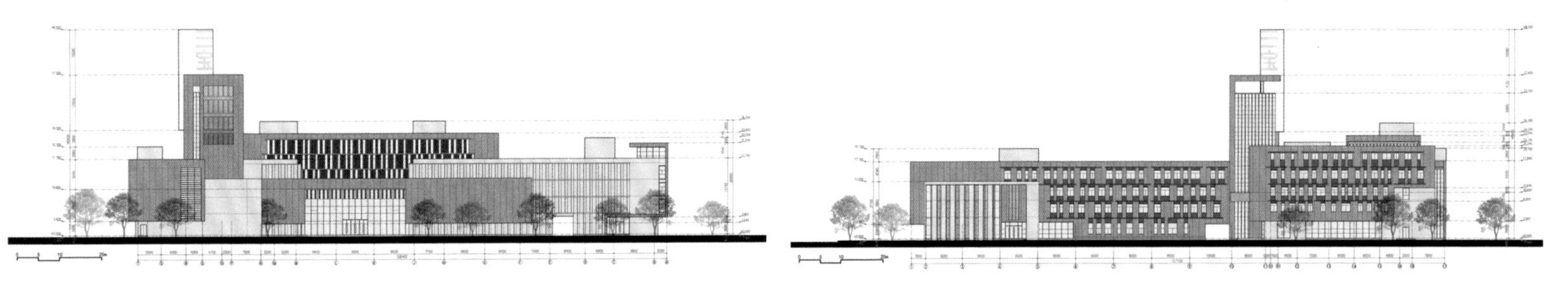

南京三宝科技集团物联网工程中心是南京三宝科技园二期的建设项目。项目设计探讨一种后锋性的“空间织补”策略实践，作为对原有园区总图和一期建筑不完整性的弥补，重新建构城市肌理的连续性和识别感。项目体形的组成从一期建筑群被忽略的东北区域，通过L型转折，闭合了从北入口进入园区的中心空间。通过将主楼与入口广场置于东西向道路的终端，使其形成园区空间的东西轴向，明确了园区外部环境的边界与中心、轴线空间组织。此外，物联网工程中心建筑群的立面主要由四种材质组成，分别是定制陶板（复合窗）墙面、框栅玻璃幕墙、金属网板遮阳表层与锯齿板遮阳立面。在三宝园区织补重构的空间系统中，四种材质成为空间织补的组织性元素，叠合成为一种经纬交织的结构，赋予空间交织的建筑质感。

三宝

持续四年的三宝实践是在粗放的城市化扩张后留下的碎片肌理中最为普通的一次项目实践，我们在摸索和实验一种弥补性的设计策略。修补、改造与整合环境是量化扩张后中国城市建设面临的主要任务，在大刀阔斧的跃进之后，建筑师需要具备更为细致和谨慎的技术态度和能力，发现和建立肌理结构，织补断裂的空间环境，连接历史的印记与未来的发展。

——项目设计人　张彤

南京鼓楼医院

医疗的院落 市民的花园

设计单位 / 主要设计人
Design Institution / Main Designer

（瑞士）Lemanarc 建筑及城市规划设计事务所
南京市建筑设计研究院有限责任公司 / 汪 凯、邹式汀、韩 茜

建设地点 南京
Location

设计类型 医疗建筑
Design Type

建成时间 2013 年
Built Time

获奖情况 2014 年 江苏省第十六届优秀工程设计一等奖
Awards

为适应区域人口的快速上升以及社会对医疗服务需求的快速增加，南京鼓楼医院在其邻近的夹缝地块上进行规模扩建，扩建后的建筑面积达到 23 万平方米。南扩工程从“人的尺度”出发，通过建筑景观一体化的设计方法，使大规模的单体建筑服从人的小尺度。项目用积木般的模组式设计方法，形成楼层设备带的环形集中设计，在提升设备效率、降低造价的同时，也为模组式医疗功能提供了广泛的适配性，既能实现医疗空间的高效集约，又可以对病患进行无微不至的跟踪照料。

与普通大型医院不同，鼓楼医院通过钢和磨砂玻璃等现代材料的巧妙使用，创造出一种纯净空间的体验，成为整个医院识别性最强特征。同时，建筑师为鼓楼医院级设计了三个层级、可共享的花园，实现了在高密度城区设计深度“园化”建筑的探索。2012 年鼓楼医院位列由南京市民投票产生的南京十大标志建筑之首，获得了市民的高度认同。

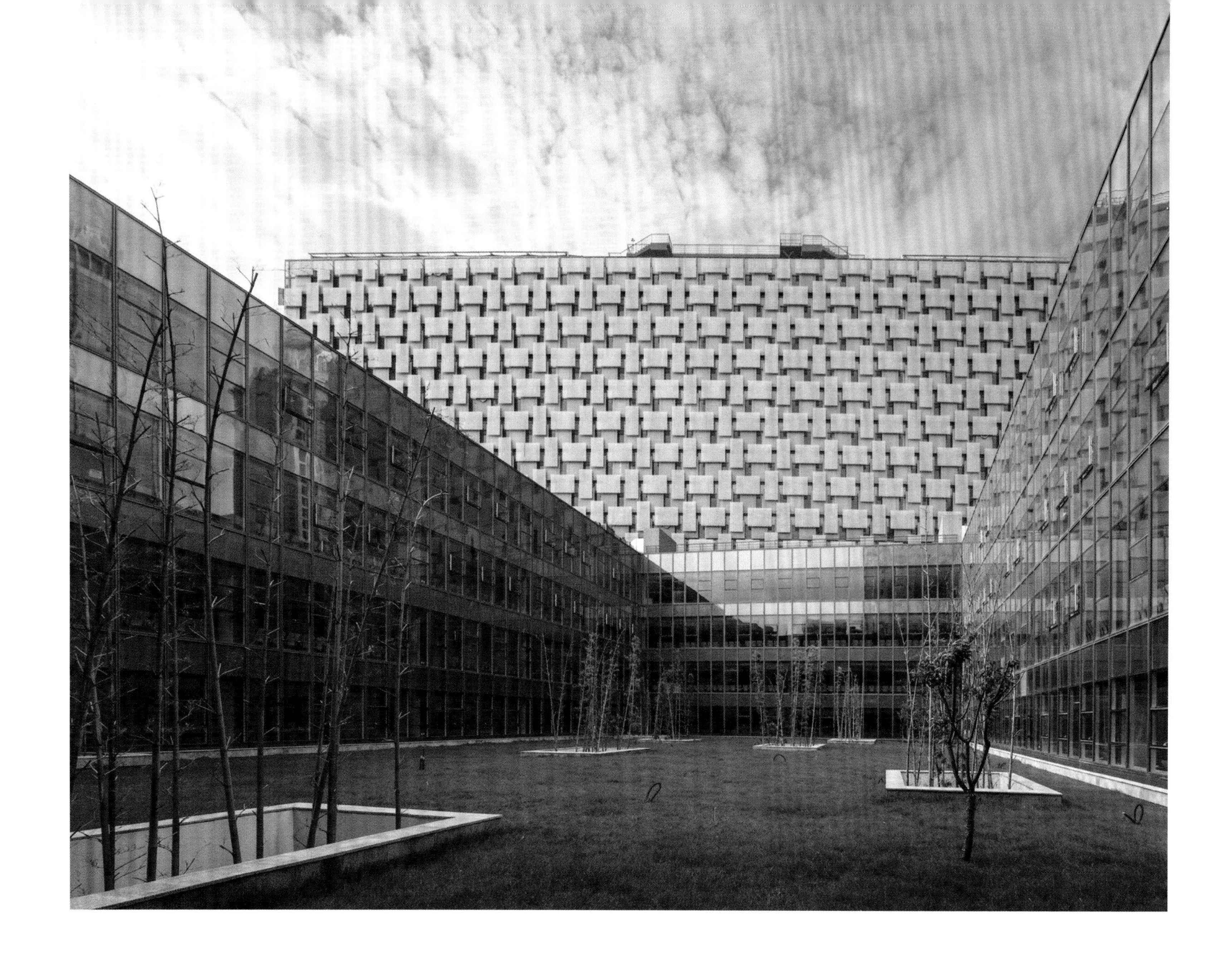

南京大学与鼓楼医院只有一墙之隔，我在校园里几乎每天都能看到它，也去使用过几次，看病或者看病人。它给人的印象是：空间开阔、干净整齐、不拥挤不排队，一切井井有条。流线安排非常合理，标识系统也很清晰，病人少走很多冤枉路。除了时尚的外表、现代的空间以外，更重要的是它功能很好用。

——南京市民

南京禄口机场

会呼吸的航空港

设计单位 / 主要设计人
Design Institution / Main Designer

华东建筑设计研究院有限公司 / 郭建祥、夏 巍
中石化南京工程有限公司 / 樊质义、田培松、耿显勇

建设地点 Location　南京

设计类型 Design Type　交通建筑

建成时间 Built Time　2017 年

获奖情况 Awards　1988 年 江苏省优秀设计一等奖

南京禄口国际机场 T2 航站楼在设计之初就将绿色生态和以人为本的理念贯穿于各个环节，在充分考虑夏热冬冷地区气候特征、机场建筑用能特点等因素的基础上，采用了多项适宜的绿色建筑措施，建立了高效的运营管理体系。造型上，主楼、长廊采用典雅且富有自然流动感的曲线屋顶造型，与 T1 航站楼形成呼应，并巧妙地利用波峰波谷变化设置天窗，为功能区提供自然采光的同时，令屋顶看起来更加轻盈，合理的空间规划也为旅客带来舒适的环境和便捷的体验。同时，因地制宜地设计应用了智能照明、排风热回收、太阳能热水、雨水 / 中水回用、冰蓄冷储能供冷、综合管沟、自然采光与自然通风等主动式绿色技术措施，从为旅客提供舒适怡人的室内环境入手。南京禄口国际机场 T2 航站楼以其出色的设计、针对性的绿色技术措施应用、高品质的建筑环境以及显著的节能环保效益，成为全国首个三星级运行标识绿色机场建筑。

苏州工业园区体育中心

全开放式生态体育公园

设计单位 / 主要设计人
Design Institution / Main Designer

上海建筑设计研究院有限公司
（德国）GMP 国际建筑设计有限公司

建设地点 Location　苏州

设计类型 Design Type　体育建筑

建成时间 Built Time　2018 年

获奖情况 Awards
2019 年 国家优质工程奖
2019 年 中国建筑工程装饰奖
2019 年 美国 LEED 认证金银奖

苏州工业园区体育中心以“园林、叠石”为设计理念，用现代建筑设计语言诠释园林意韵，将建筑物巧妙融入自然景观，平面采用自由流线的布局勾勒出了多样化的流线，立面以水平线形成优雅的起伏，马鞍形的造型与结构体系相适应统一。

功能设计秉承城市体育产业与商业服务融为一体的体育综合体的理念，实现了商业业态和体育业态的完美结合，也是目前国内规划设计理念先进的全开放式生态体育公园，既满足了大型国际赛事的要求，又兼顾了大众健身需要，同时又为各类演出和商业活动提供一流的舞台演艺、商业运营空间，形成了一个集体育竞技、观演互动、商业休闲与观光旅游的新型体育场馆综合体。

苏州奥林匹克体育中心定位于体育中心与体育公园的融合，其体量之巨大、建筑之优美、结构之精巧、功能之完备、性价比之合理、赛事承载之专业、赛后运营之高效，无不满足了现代体育场馆的多元多样和可持续发展的前瞻性。

——中国工程院院士　魏敦山

苏州吴江盛泽幼儿园

孩子们的“微型城堡”

设计单位 / 主要设计人
Design Institution / Main Designer

苏州九城都市建筑设计有限公司 /
张应鹏、黄志强、董霄霜

建设地点 苏州
Location

设计类型 教育建筑
Design Type

建成时间 2013 年
Built Time

获奖情况 2015 年 全国优秀工程勘察设计行业奖建筑工程二等奖
Awards

苏州吴江盛泽幼儿园摈弃了传统幼儿园建筑围绕广场成组团状分布的设计思路，采用更符合城市尺度的建筑整体化布局思路，注重丰富活泼的室内外交流空间设计；建筑立面摈弃了围绕主入口展开立面开窗的传统构成方式，而采用强调连续立面的构成方式，使建筑极富立体感。为体现幼儿园建筑的独特形象特征，在立面上设置花瓣状窗和各种观景用的井窗，窗四周涂刷彩色涂料，整体造型简洁明快，突出大气而不失活泼、高效、现代、美观的新时期幼儿园建筑气质。

幼儿园环境清新、雅致，设施齐全。有宽敞明亮的活动室、专用的游戏室，舞蹈房、多功能室、体育馆及多种适合现代教育的电化设施……花草树木错落有致，四季花香满园，草木长青，是孩子们探索、学习的乐园。富有个性的环境为幼儿创设了自主、自由的空间，充分调动了幼儿的主动性、积极性。

——盛泽幼儿园教师

苏州中银大厦

建筑空间的延伸

设计单位 / 主要设计人
Design Institution / Main Designer

贝氏建筑事务所
启迪设计集团股份有限公司 / 戴雅萍、查金荣、唐韶华

建设地点 苏州
Location

设计类型 办公建筑
Design Type

建成时间 2015 年
Built Time

获奖情况 2015 年 全国优秀工程勘察设计行业奖建筑工程一等奖
2015 年 第九届全国优秀工程建筑结构设计奖一等奖
Awards

苏州中银大厦是中国银行苏州分行的总部大楼，位于苏州工业园区湖东 CBD 地带。建筑设计利用两侧河流两岸的自然景观及宽广的视野，采用简洁的建筑体型和外表来呈现金融机构的建筑主题，整体布局采用钻石切割的理念，强调几何线条的张力感，同时景观及室内设计延续菱形线条的设计感，设计风格整体统一。

此外，大厦的设计还结合了苏式建筑的特色，运用现代建筑语言重新诠释了苏州传统建筑韵味，如传统的灰白色调在建筑色彩上的充分利用；苏式花园中灵动的跌水以及精心挑选置石和迎客松，构成一幅自然生动的画卷，一个充满无穷意境的空间。

中国银行
中国银行

中银大厦的设计是对苏州建筑传统的重新诠释，而非完全地照搬复制，传统的灰白主色调被充分利用，装饰性很强的石材铺地模式以及河道边的步行走道和河岸亲水石阶被融入景观设计中，苏州传统的池塘及与之配合的喷泉也将在庭院中大放异彩。

——《中国勘察设计信息网》
2018 年 8 月 12 日

南京外国语方山分校

让孩子们诗意地栖居

设计单位 / 主要设计人
Design Institution / Main Designer

南京城镇建筑设计咨询有限公司 /
张　奕、钱正超、谢　辉

建设地点 Location　南京

设计类型 Design Type　教育建筑

建成时间 Built Time　2018 年

获奖情况 Awards　2019 年 江苏省城乡建设系统优秀勘察设计一等奖

设计充分尊重南京外国语学校的发展脉络和办学理念，从传统西方“公学”的人文精神、校园空间和场所尺度中进行提炼和还原，再现一所“当代公学”。校园设计尊重方山的地形地貌，营造各种多元化的室内外学习空间，使校园不仅是知识传承的宝库，还是文学艺术的荟萃场所；立面设计继承南外文脉，以贯穿南外校园的红砖为基调色，对传统西式建筑三段式立面元素抽象提取，进行古典语言的当代转译，致敬历史的同时传递出学院风格；设施规划充分尊重教学需求，合理布局不同的学部及组团、打造体验式校园空间环境和共享性学习空间，力求营造出一个以学生为中心，丰富多彩并有利于交流学习的成长环境。

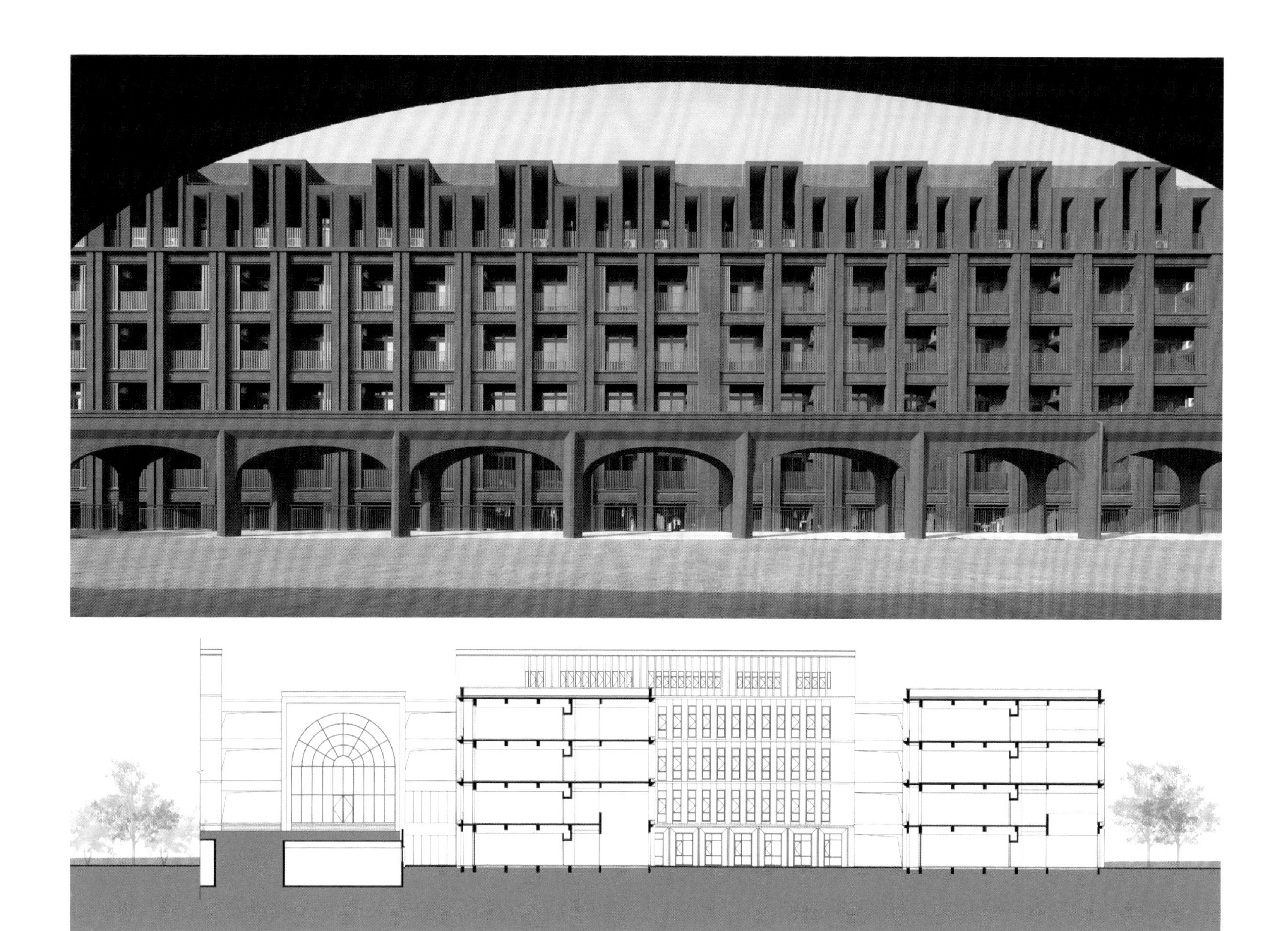

我们关注中小学生的心理特点，既要保守的考虑各个节点的安全，也要提供思维发散的建筑空间。通过归属与共享的空间组合设计、快慢流线分级的场地设计、新材料与学院派契合的立面设计等等，既满足校园建筑空间使用功能要求，也形成丰富多样的校园环境，使整个校区稳重大气又不失活泼灵动。当读书声响起，建筑似乎也被冠以灵魂，这是我们最有成就感的时刻。

——项目设计团队

建筑从规划到设计均能体现对孩子们的关爱和重视，力求营造出一个以学生为中心，丰富多彩并有利于自身交流学习的成长环境，让孩子们诗意地栖居。

——《扬子晚报》2020 年 6 月 3 日

江苏城乡职业技术学院

园林式生态校园的新典范

设计单位 / 主要设计人
Design Institution / Main Designer

常州市规划设计院 / 刘 斌、申雁飞、张 浩

建设地点 Location：常州

设计类型 Design Type：教育建筑

建成时间 Built Time：2015 年

获奖情况 Awards：
2015 年 江苏省绿色建筑创新奖
2017 年 江苏省城乡建设系统优秀勘察设计奖二等奖

江苏省常州高等职业技术学校贯彻“融入自然、享受自然、保护自然”的设计思路，在开发中保留当地的田园风光，以柔和、自然的方式呈现校园建筑空间与农业田园景观和谐相融的美丽景象。方案既科学系统地布置功能、组织交通以满足校园运营需求；又以人为本，尽可能地在校园内部打造多元共享空间，促进师生交往，激扬校园活力。建筑造型以“水墨江南，建筑学园”为理念，白墙黛瓦，尽显江南水乡特色，具有鲜明的地域性。

项目秉持绿色校园理念，从校园空间复合利用、可再生能源一体化等方面全方位推进绿色校园建设。全校高星级绿色建筑占校区总建筑面积的 44% 以上，综合运用绿色建筑技术 50 余项。项目以人与自然的对话为主题，给身在其中的师生讲述了一则传统文化与现代绿色技术有机融合的故事。

漫步在江苏城乡建设职业学院（以下简称“江苏城建院”）常州殷村新校区，各种最新绿色建筑技术的应用扑面而来，太阳能光伏发电系统、双热源热泵热能循环系统、可调节外遮阳系统、地源热泵冷热源供应系统……每一项技术的运用和细节的处理都对外传递着节能环保、绿色人文的气息。

——《中国建设报》2015 年 10 月 21 日

江阴临港新城展示馆

穿越过墙的砖

设计单位 / 主要设计人
Design Institution / Main Designer

江苏中锐华东建筑设计研究院有限公司 /
顾爱天、苏惠年、薛新成

建设地点 无锡
Location

设计类型 文化建筑
Design Type

建成时间 2013 年
Built Time

获奖情况 2013 年 江苏省城乡建设系统优秀勘察设计奖一等奖
Awards
2014 年 中国建筑学会建筑创作银奖

展览馆这类项目由于其内在的特质，都有外露张扬的趋势，一般投资控制少，自由度很大，为多数建筑师所喜欢。但此类建筑往往由于承载特定时期的官方诉求，后续发展动力不足，投入使用很短时间后便无人问津。如何让展览馆更具活力？幸运的是临港新城的政府也意识到了这一点，所以设计伊始，业主和设计方就在这一层面达成了共识，使之成为一个开放、内敛、具有公共参与性的永久场所。

——项目设计团队

江阴临港新城展示馆是一个集合了展览、休闲等活动的多功能城市综合场所。建筑北侧为下沉广场，通过足够宽的楼梯和多样的联通形式保证了下沉广场的空间活跃度，飞架的走廊和插入广场的楼梯创造了更多层次的交流空间；层叠的树阵台阶不仅是交通路径，更是自然的观演看台，呈现出高度的亲民性。

此外，建筑巧妙地运用空砌砖，让砖的沉重感消失，通透的质感使建筑和城市的界面变得模糊，让城市的风穿过建筑，错位感觉让建筑生动有趣。

中国东海水晶博物馆

地域文化的窗口

设计单位 / 主要设计人
Design Institution / Main Designer

浙江省建筑设计研究院 / 王亦民、蔡凤生、宋雨欣

建设地点 连云港
Location

设计类型 文化建筑
Design Type

建成时间 2013 年
Built Time

中国东海水晶博物馆是目前以水晶为主题的专题性博物馆。该博物馆集水晶精品展示、硅工业展示、历史文物展示、学术研讨、国际交流等多功能于一体。主体建筑为一栋单体综合性博物馆，建筑结构为框架结构。

Postscript 后记

“建筑是表现为空间的时代意志，它是活的、变化的、不断更新的。”建筑，不仅是历史的记录，也是时代的发声，更是一个民族文化和情感记忆的载体。

为系统展示中华人民共和国成立 70 年来建筑的发展成就和时代风采，反映建筑之于城市的价值和贡献，江苏省住房和城乡建设厅通过组织各地申报、专家推荐以及社会公众推选等方式，遴选了中华人民共和国成立 70 年来的 70 项江苏代表性建筑，编辑形成《建筑，记录时代进步——中华人民共和国成立 70 周年江苏代表性建筑集》。本书以图文并茂的方式，展示了 70 年来江苏建筑发展的一个个切面，展现一代代建筑师孜孜以求、砥砺奋进的身影，折射出 70 年来江苏城乡的大变革和大发展。期望本书所展示的建筑文化艺术魅力，能为人们了解建筑、关注建筑和读懂建筑提供一扇“窗口”，也希望能引起相关社会的关注、实践探索的延伸……

本书由周岚、刘大威拟定框架，由于春、何培根、刘志军承担全书文字编撰、图片遴选及内容校对工作，肖冰、王泳汀承担各项代表性建筑资料的收集整理及校核工作，叶精明、王端、吴丹丹、袁雷、宗小睿等对本书亦有贡献。在本书的编撰过程中，中国科学院院士齐康、中国工程院院士王建国，全国工程勘察设计大师时匡、冯正功，江苏省首批设计大师韩冬青等对本书的内容框架和项目遴选给予了指导、建议和支持；各市县主管部门、相关设计机构提供了丰富的基础素材，做了大量基础性工作；本书插图中标注 * 号的图片均由视觉中国网站提供，在此一并表示感谢。限于篇幅，本书中所收录的建筑，仅是江苏 70 年发展长河中的有限遴选和呈现。限于时间和能力，材料选择和观点提炼难免挂一漏万、有所偏颇，敬请批评指正。我们将在吸收大家意见建议的基础上，进一步校核、修改与完善。